乡村人居环境营建丛书

浙江大学乡村人居环境研究中心

王 竹 主编

本书得到以下资助：

国家自然科学基金青年科学基金项目：长三角地区村落"田园综合体"营建模式与策略（51708488）

教育部人文社会科学研究项目：互联网技术驱动下的小农现代化转型理论与实践（17YJC790118）

江南地区乡村"小微田园综合体"的概念认知与营建策略

傅嘉言 著

东南大学出版社
SOUTHEAST UNIVERSITY PRESS

·南京·

内容提要

本书选择对我国乡村振兴战略具有重要影响与示范效应的江南地区作为着眼点,针对该地区乡村建设的现状特征与发展需求,依据协同论的原理与方法,提出了乡村"小微田园综合体"的营建理念。通过"明确问题需求—把握理论工具—构建认知框架—提出营建策略"四个方面,形成逐层推进的技术路线,整体研究了乡村"小微田园综合体"在"社会、经济、环境"方面的协同关系,旨在揭示出江南地区乡村演进与发展的动力机制。从多维视野强调江南地区乡村"小微田园综合体"的营建价值与现实意义,通过建立乡村"小微田园综合体"的协同机制与营建策略,旨在促进乡村人居环境品质的经营与永居。

本书可供从事乡村人居环境领域设计与实践的研究人员、技术人员、管理人员阅读,也可供相关专业高等院校师生参考。

图书在版编目(CIP)数据

江南地区乡村"小微田园综合体"的概念认知与营建
策略/傅嘉言著.—南京:东南大学出版社,2023.3
　　ISBN 978-7-5766-0356-9

　　Ⅰ.①江… Ⅱ.①傅… Ⅲ.①乡村-居住环境-研究-
华东地区 Ⅳ.X21

　　中国版本图书馆 CIP 数据核字(2022)第 227156 号

责任编辑:宋华莉　责任校对:子雪莲　封面设计:企图书装　责任印制:周荣虎

江南地区乡村"小微田园综合体"的概念认知与营建策略
Jiangnan Diqu Xiangcun "Xiaowei Tianyuan Zongheti" De Gainian Renzhi Yu Yingjian Celüe

著　　者:傅嘉言
出版发行:东南大学出版社
社　　址:南京四牌楼 2 号　邮编:210096　电话:025-83793330
网　　址:http://www.seupress.com
电子邮件:press@seupress.com
经　　销:全国各地新华书店
印　　刷:南京玉河印刷厂
开　　本:787 mm×1092 mm　1/16
印　　张:8.5
字　　数:202 千字
版　　次:2023 年 3 月第 1 版
印　　次:2023 年 3 月第 1 次印刷
书　　号:ISBN 978-7-5766-0356-9
定　　价:58.00 元

序　言

　　本书的研究内容源于傅嘉言的博士学位论文《江南地区乡村"小微田园综合体"的概念认知与营建策略》。她于2014年从浙江工业大学建筑学专业本科毕业之后，保送到我这里直接攻读博士学位。进入师门以来，她一直跟随我们乡村人居环境研究中心的团队进行乡村营建的研究与实践，尤其在浙江湖州、丽水等地区的乡村调研与实践中，逐渐认识到了江南地区"社会—经济—环境"的特征及其与乡村建设的关系，深入参与了团队开创的浙江大学"小美农业"实验，积极探索了适合中国小农发展的乡村建设路径。

　　2017年中共中央提出"支持有条件的乡村建设以农民合作社为主要载体、让农民充分参与和受益，集循环农业、创意农业、农事体验于一体的田园综合体"。与此同时，城市居民的物质提升与情感需求带来的城乡互动，促成了乡村经济向产业多级联动转型。在这种背景下，"田园综合体"正是新时期乡村振兴的一种有益探索。但是目前业界与基层管理部门对其真实内涵还存在着概念模糊，甚至误读的现象，对其空间营建策略更是缺乏明确的认知。乡村营建受到多种因素的综合作用，这些混沌扰动彼此协同不足的问题日益突出。因此，当前阶段的乡村营建研究亟须对以"乡村风貌"为目标的认知误区进行纠偏，明晰乡村振兴的内涵与本质。

　　2004年至2021年从党中央连续18年发布的一号文件可以看到乡村政策的制度转型，扶持的主体从大规模经营主体到小农户个体、产业的模式从生产为核心到多功能乡村发展、关注的范畴从"农业—农民"到"农村—农业—农民"。基于大国小农的现实需求，瞄准小规模农业生产与组织，把握精准的"底层设计"，需要探索多元主体的乡村营建动力机制。从国家政策的牵引、大国小农的现实需求、农业高度的复杂性、农村主体的原子化、农村发展用地的破碎化等状态来研判，都指向了中、小、微农业主体的组织化与现代化，迫切需要明确多元利益主体平衡下的精准乡村营建策略。为此，让小农主体的发展诉求与工商资本、地方政府的经济与政治目标相结合，并使前者在营建行动中保持自己的话语权和自治空间，培育新型农业经营主体，从而在乡村建设过程中持续增强内生动力，实现乡村建设从"输血"到"造血"的转变。

　　本著作的研究内容是在协同视野下进行乡村营建的整合把握，选择对我国乡村营建具有重要影响与示范效应的江南地区作为着眼点,针对该地区乡村建设的产业多元化、运营综合化、土地细碎化、小农原子化等在地特征,提出"主体联合""产业融合""空间整合"等乡村营建策略,建构江南地区乡村"小微田园综合体"的营建模式与策略方法,对于拓展乡村建设领域的研究路径和实践操作具有重要的学术价值与现实意义。

2023 年 2 月 9 日

前　言

　　乡村人居环境品质的营建是取得城乡融合发展的重要标志,在乡村振兴战略背景下,农业农村的发展被提高到国家优先的地位。在"大国小农"的基本国情下,乡村受到多维作用力的扰动,普遍呈现出小农"原子化"倾向和"社会、经济、环境"协同不足等问题,乡村营建所面临的挑战与转型迫切需要相关研究与实践的支持。

　　本书是"国家自然科学基金青年科学基金项目"、"教育部人文社会科学研究项目"以及导师王竹教授、师兄钱振澜作为共同创始人的"小美农业"的成果之一。非常感谢我的师父王竹教授,他丰厚的学术沉淀、严谨的学术态度和精湛的专业素养,使我在这项工作中耳濡目染、受益匪浅。培养缺乏硕士阶段基础训练的我,花费了他更多的时间和精力,但是他的耐心和包容,给予了我一个很温暖的"学术童年"。尤其是在本书的攻坚阶段,他对研究成果的反复阅读、修改、讨论和斟酌,每一次指导都对本书提升良多。

　　感谢朱晓青教授、华晨教授、于文波教授、贺勇教授、王晖教授、李咏华教授、裘知副教授、浦欣成副教授在本书完成过程中给予的评阅与指导。感谢钱振澜、陶伊奇师兄、赵静师妹给予的帮助与鼓励。特别感谢我的父母,我的朋友孙姣姣,我的先生余中奇,给予我无条件的支持和鼓励,谨以此文纪念我的学生时光。

傅嘉言

2022 年 8 月 8 日于上海

浙江大学乡村人居环境研究中心

　　农村人居环境的建设是我国新时期经济、社会和环境的发展程度与水平的重要标志,对其可持续发展适宜性途径的理论与方法研究已成为学科的前沿。按照中央统筹城乡发展的总体要求,围绕积极稳妥推进城镇化,提升农村发展质量和水平的战略任务,为贯彻落实《国家中长期科学和技术发展规划纲要(2006—2020 年)》的要求,为加强农村建设和城镇化发展的科技自主创新能力,为建设乡村人居环境提供技术支持,2011 年,浙江大学建筑工程学院成立了乡村人居环境研究中心(以下简称"中心")。

　　中心主任由王竹教授担任,副主任及各专业方向负责人由李王鸣教授、葛坚教授、贺勇教授、毛义华教授等担任。中心长期立足于乡村人居环境建设的社会、经济与环境现状,整合了相关专业领域的优势创新力量,将自然地理、经济发展与人居系统纳入统一视野。截至目前,中心已完成120 多个农村调研与规划设计项目;出版专著15 部,发表论文300 余篇;培养博士 50 人,硕士 230 余人;为地方培训 8 000 余人次。

　　中心在重大科研项目和重大工程建设项目联合攻关中的合作与沟通,积极促进了多学科的交叉与协作,实现了信息和知识的共享,使每个成员的综合能力和视野得到全面拓展;建立了实用、高效的科技人才培养和科学评价机制,并与国家和地区的重大科研计划、人才培养实现对接,造就了一批国内外一流水平的科学家和科技领军人才,注重培养一批奋发向上、勇于探索、勤于实践的青年科技英才;建立了一支在乡村人居环境建设理论与方法领域方面具有国内外影响力的人才队伍,力争在地区乃至全国农村人居环境建设领域处于领先地位。

　　中心按照国家和地方城镇化与村镇建设的战略需求和发展目标,整体部署、统筹规划,重点攻克一批重大关键技术与共性技术,强化村镇建设与城镇化发展科技能力建设,开展重大科技工程和应用示范。

　　中心从 6 个方向开展系统的研究,通过产学研的互相结合,将最新研究成果运用于乡村人居环境建设实践中: ① 村庄建设规划途径与技术体系研究; ② 乡村社区建设及其保障体系研究; ③ 乡村建筑风貌与营造技术体系研究; ④ 乡村适宜性绿色建筑技术体系研究; ⑤ 乡村人居健康保障与环境治理研究; ⑥ 农村特色产业与服务业研究。

　　中心承担了 2 个国家自然科学基金重点项目——"长江三角洲地区低碳乡村人居环境营建体系研究""中国城市化格局、过程及其机理研究";4 个国家自然科学基金面上项目——"长江三角洲绿色住居机理与适宜性模式研究""基于村民主体视角的乡村建造模式研究""长江三角洲湿地类型基本人居生态单元适宜性模式及其评价体系研究""基于绿色基础设施评价的长三角地区中小城市增长边界研究";5 个国家科技支撑计划课题——"长三角农村乡土特色保护与传承关键技术研究与示范""浙江省杭嘉湖地区乡村现代化进程中的空间模式及其风貌特征""建筑用能系统评价优化与自保温体系研究及示范""江南民居适宜节能技术集成设计方法及工程示范""村镇旅游资源开发与生态化关键技术研究与示范"等。

目　录

1 绪 论

1.1 研究背景：新时期乡村营建的挑战与转型

改革开放 40 余年,农民生产力得到了解放,农业功能不断拓展,产业结构发生了深刻调整。在农村建设方面,环境整治也取得了显著成效,乡村面貌焕然一新。2017 年,党的十九大提出乡村振兴战略,同年,"田园综合体"被写入中央一号文件,这不仅使农业农村被提高到优先发展的战略地位,而且使乡村营建进入综合发展的新时期。在乡村振兴战略下,由于"大国小农"的长期现实,乡村营建出现了小农现代化转型的新需求,面临着"社会、经济、环境"协同不足的新困境。因此,乡村人居环境研究亟须给予充分应对。

1.1.1 "大国小农"的现实与小农现代化转型需求

乡村兴则国家兴,乡村衰则国家衰。全面建成小康社会,最艰巨的任务在农村,最广泛的基础在农村,最深厚的潜力也在农村。2018 年,中共中央、国务院印发了《乡村振兴战略规划(2018—2022 年)》,提出了"产业兴旺、生态宜居、乡风文明、治理有效、生活富裕"的总要求,明确了坚持农业农村优先发展、坚持农民主体地位的实施原则。

"大国小农"是我国的基本国情、长期农情,农业农村实施乡村振兴战略也必须在遵循"大国小农"长期现实下,探索具有可操作性的发展路径。

(1) 我国小农数量多,组织化程度却很低,长期呈现为小农"原子化""松散化"状态。1978 年至 2019 年,由于小农就业不断从第一产业向第三产业转移(图 1-1,图中只列了 2014 年至 2019 年的数据),我国户籍小农数量从 7 亿 9014 万下降到 5 亿 5162 万[1],比例从 82.08％下降到 39.40％。尽管如此,既有 2.2 亿农户数量仍然使我国农业经营格局为小微规模,户均耕地不足 10 亩[2],实现小农组织化无疑是一个漫长的过程。

小农"原子化"状态的发生原因是多方面的。1978 年,"分田到户"的政策既激发了小农的生产积极性,又诱发了小农的生产逐利性,使生产行为逐渐成为独立于集体组织的小农个体行为,导致集体组织与小农个体的联系下降,小农"原子化"现象发生;2006 年,"取消农业税"的政策使"干部"与"群众"的联系几乎断裂[3],集体组织对小农个体的调控作用逐渐削弱,小农"原子化"现象加剧;当前,城乡关系重新开放,不断强化的精英联盟[4]和不断弱化的

① 国家统计局.中国统计年鉴(2020)[M].北京：中国统计出版社,2020.
② 贺雪峰.关于实施乡村振兴战略的几个问题[J].南京农业大学学报(社会科学版),2018,18(3)：19-26.
③ 薛冰,洪亮平,徐可心.长江中游地区乡村人居环境建设的"内卷化"与"原子化"问题研究[J].华中建筑,2020,38(7)：1-5.
④ 孙佩文.基于多元主体"利益—平衡"机制的乡村营建模式与实践研究[D].杭州：浙江大学,2020.

集体组织之间的矛盾使小农"再原子化"①状态进一步加剧。

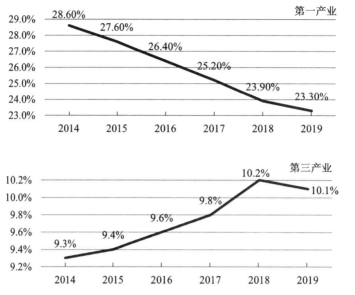

图1-1   2014年至2019年小农第一产业、第三产业经营净收入比重趋势变化图

(图片来源：作者根据《中国农村统计年鉴》(2020)相关数据绘制)

（2）我国拥有960万平方公里领土面积，其中，耕地面积为19.18②亿亩(2019年)，仅是领土面积的13.3%。我国除少部分平原外，多为山地、丘陵等细碎化地形地貌类型，这个特征在江南地区则更为明显，细碎化地形地貌影响下的人地关系矛盾也更为突出。耕地条件决定了我国总体无法简单通过农业机械化手段完成农业现代化升级。因此，在细碎化地形地貌类型条件下推进农业农村现代化，将是乡村振兴战略实施过程中不得不面对的现实问题。

由于细碎化地形地貌的限制，小农"原子化"状态在江南地区更严峻。小农不可能在"松散化""原子化"状态下完成现代化转型③，需要进一步打破阻碍城乡要素流动的壁垒，只有通过小农"再组织化"，才能够有效推进乡村振兴战略的实施④。

未来至少20年将仍然是我国快速城市化发展时期，大量农村能力强、收入高的农民将进城工作、生活，但是农村仍然将为缺少进城工作能力、老年农民等弱势农民群体托底。在这个时期，国家支农资源应该重点向这些弱势农民群体所在地区倾斜，解决这些农民最基本的生产、生活问题。基本保障是雪中送炭，正是由于基本保障，进城失败的农民才拥有退路。尽管这些农民进城失败，但是他们往往受过一定教育、了解市民需求，将他们重新"再组织

① 李远行，李慈航.重新认识乡土中国：基于社会结构变迁的视角[J].中国农业大学学报(社会科学版),2019,36(3)：31-39.

② 国务院第三次全国国土调查领导小组办公室，自然资源部，国家统计局.第三次全国国土调查主要数据公报[EB/OL].(2021-08-25)[2021-10-22].http://www.gov.cn/xinwen/2021/08/26/content_5633490.htm.

③ 贺雪峰.为谁的农业现代化[J].开放时代,2015(5)：36-48.

④ 杨华，陈奕山，张慧鹏，等.多维视野中的乡村振兴(笔谈)[J].西北民族研究,2020(2)：53-69.

化"之后,他们可以在农村舞台上发挥更多价值。因此,农民将获得返乡的选择权,国家将获得农村这个稳定器和蓄水池[①]。

1.1.2　乡村振兴战略与"田园综合体"的概念认知

2004 年至 2021 年,中共中央连续 18 年发布的一号文件都以农业、农村和农民为主题,始终专注于解决每个时期"三农"所面临的问题与需求。从关注"农产品数量、解决温饱"到强调"质量、饮食安全",从围绕"第一产业"到支持"一二三产业深度融合",从"美丽乡村"到"特色小镇""田园综合体""坚持农业农村优先发展"等,国家政策也逐渐从重点考虑农业本体向统筹规划农业、农村整体发生转变。2018 年,为推动农业全面升级、农村全面进步、农民全面发展,中共中央甚至将"农业部"职责进行了拆分、整合,重组形成"农业农村部",便于加快实现农业农村现代化、统筹实施乡村振兴战略。

2017 年,中央一号文件《中共中央　国务院关于深入推进农业供给侧结构性改革加快培育农业农村发展新动能的若干意见》(以下简称《意见》)首次提出了"支持有条件的乡村建设以农民合作社为主要载体,让农民充分参与和受益,集循环农业、创意农业、农事体验于一体的田园综合体"[②]。此后,"田园综合体"开始广泛出现于和各种乡村建设相关的学术、商业研讨场合中,成为一种新型乡村建设理念。

《意见》聚焦农业供给侧结构性改革,主要解决"农产品供求结构失衡、要素配置不合理、资源环境压力大、农民收入持续增长乏力"等突出问题,而且解决问题的关键在于培育农业农村发展新动能。这界定了田园综合体概念的语境为农业农村,本书也将基于该语境去辨析不同理念导向下的"田园综合体"内涵,以坚持发展农业农村为真、以凭借农业农村资源主要实现资本利益为假,逐步明确本书立足的田园综合体概念[③]。

同年,财政部发布《关于开展田园综合体建设试点工作的通知》(以下简称《通知》),对田园综合体建设试点工作的相关内容进行了细化,对试点建设的功能定位、要求、目标进行了说明[④],提出了重点抓好"生产体系、产业体系、经营体系、生态体系、服务体系、运行体系"等六大支撑体系建设,描绘了田园综合体的基本轮廓。

《通知》特别提到了了不予受理立项的情况,即"未突出以农为本,项目布局和业态发展上与农业未能有机融合,以非农产业为主导产业;不符合产业发展政策;资源环境承载能力较差;违反国家土地管理使用相关法律法规,违规进行房地产开发和私人庄园会所建设;乡、村举债搞建设;存在大拆大建、盲目铺摊子等情况"。这相当于反面限定了田园综合体内涵,区分了田园综合体与其他乡村建设模式的差异,也澄清了一些田园综合体发展方向上的误区和对商业运作过程中存在的曲解。

作为实践,财政部确定河北、山西、内蒙古、江苏、浙江、福建、江西、山东、河南、湖南、广

① 贺雪峰.关于实施乡村振兴战略的几个问题[J].南京农业大学学报(社会科学版),2018,18(3):19-26.
② 中共中央,国务院.中共中央　国务院关于深入推进农业供给侧结构性改革加快培育农业农村发展新动能的若干意见[EB/OL].[2021-10-22].http://www.gov.cn/zhengce/2017-02/05/content_5165626.htm.
③ 姚翔宇.村域视角下田园综合体的解析与空间营建研究[D].杭州:浙江大学,2019.
④ 罗文博.田园综合体背景下乡村公共建筑"在地性"设计的策略初探[D].南京:东南大学,2019.

东、广西、海南、重庆、四川、云南、陕西、甘肃 18 个省/市/自治区开展田园综合体建设试点[①]。

"田园综合体"的提法并非首次出现。2012 年,田园东方创始人张诚结合北京大学光华管理学院 EMBA 课题,发表了论文《田园综合体模式研究》,并在江苏省无锡市惠山区阳山镇"中国水蜜桃之乡"实践了中国首个田园综合体项目——无锡田园东方。后来,他进一步将其诠释为一种"农业＋文旅＋地产"综合的乡村发展模式。张诚认为需要依靠产业解决城乡物质差异,而农业增长有限,旅游业应该成为产业主力,解决文化差异则需要将城市人口和乡村人口在空间上进行混合。于是就有了企业承接农业、企业打造文旅、企业开发地产[②]。

通过以上表述可知,企业导向下的田园综合体与国家各项文件中的田园综合体在形式上有一定相似性,但是在认知上却存在根本性差异。在对田园综合体模式的概念认知上,一方面,企业以资本为导向,国家以农民合作社为载体,两者核心主体截然不同;另一方面,企业将农业和旅游业割裂开来考虑,在彼此协同关系上,未提出两者如何进行有效融合的发展方式,其中,虽然考虑了农业,但却未考虑农业的小农主体。此外,地产的介入对田园综合体模式的性质和导向将会产生决定性影响,尽管无锡田园东方的实践反映了文件中的部分主张,但是和国家对田园综合体的要求仍然存在本质差异。由此可见,两者对于"田园综合体"在不同主体语境中所指代对象的内涵具有根本的不同。

在意见对田园综合体的定义中,"有条件的乡村"明确了田园综合体的建设对象;"农民合作社"明确了田园综合体的主要载体,但是基于我国"公有制为主体、多种所有制经济共同发展"的原则,田园综合体的建设也可以有不同类型载体参与;"让农民充分参与和受益"明确了田园综合体的价值取向,农民不是建设过程中资本的打工者,而是主要受益者,乡村始终都是农民的乡村;"集循环农业、创意农业、农事体验于一体"明确了田园综合体的产业结构,隐含了农业附加值提升、产业链延伸、科技和文化融合农业等田园综合体的丰富可能性和方向,田园综合体的产业类型更侧重于农业,而不是单一农产品种植[③]。

"田园综合体"作为符合乡村振兴战略的一种有益探索,可能存在多种发展路径。不过在理论研究上,仍然缺乏系统归纳;在实践探索中,每个"田园综合体"试点规模大、试点总数量少、成本高,效益却不明显。因此,如果只是简单截取"田园"二字,缺乏对"田园综合体"内涵和空间营建之间的精准转化,则不属于本书视角下的"田园综合体"。

1.1.3　乡村"社会、经济、环境"的协同不足

我国当前处于快速城市化时期,乡村一直面临着外部的不确定干扰,致使社会、经济、环境等处于不断波动的状态中,导致了其协同不足的结果。乡村如何抵抗干扰引起的负面影响、如何适应波动导致的冲击变化、如何实现"社会、经济、环境"三个方面的动态平衡,是乡

---

①　中华人民共和国财政部.关于开展田园综合体建设试点工作的通知[EB/OL].[2021-10-22].http://agri.jl.gov.cn/zwgk/zcfg/zc/201709/t20170912_4721982.html.

②　张诚,徐心怡.新田园主义理论在新型城镇化建设中的探索与实践[J].小城镇建设,2017(3):56-61.

③　姚翔宇.村域视角下田园综合体的解析与空间营建研究[D].杭州:浙江大学,2019.

村振兴战略背景下乡村营建面临的重大挑战。

社会方面,在城乡推拉力不等的作用下,乡村社会结构与主体地位发生了剧烈变化。农村青年人口大量涌入城市[1],致使农村社会结构失衡、农村公共物品供给不足[2]、乡村治理能力减弱。一方面,在城乡二元差距所导致的生存理性抉择下,乡村中青年劳动力严重流失,不断向城市迁移,全国进城农民工总量高达 21 938 万人(2019 年末)[3],引发了留守老人、妇女、儿童等弱势群体的社会问题,导致乡村社会整体衰弱,进入恶性循环;另一方面,在生产者分散、村经济组织有分无统、村干部 3 至 5 年较短任期等客观条件下,各级地方政府业绩竞争、乡村权威势力扩张、工商资本短期逐利等利益主体的诉求一拍即合,甚至形成"精英联盟"[4],把乡村作为他们追名逐利的秀场[5],忽视小农主体的地位和诉求,出现了地方政府、乡村权威、工商资本等主体趋于取代小农主体的危险倾向。

经济方面,受到社会结构波动连带影响,城乡收入差距日益增大。2002 年至今,城乡居民收入比长期维持在 3 倍以上[6],集体经济收入普遍微薄,乡村经济不由自主地从农业型向非农业型转化。农业收入水平在农村农民家庭总收入水平中的比例呈现断崖式的下降[7];农产品供给类型较少、质量较低,导致农民持续增收面临困难;农业边缘化制约了乡村经济发展,尤其是在农业税被取消之后,同时在快速工业化进程的催化下,农业地位被逐渐削弱。此外,我国乡村经济作为世界经济联合体的重要组成部分,极容易受到国际市场变化的影响。2008 年,受到金融危机海外订单骤减影响,我国大量乡村企业爆发了大规模倒闭的现象,直接暴露了乡村企业抵抗风险能力弱的问题。由于我国乡村长期处于消息相对闭塞的状态、农民整体思想观念滞后,难以灵活适应变化剧烈的市场供需,农产品经常出现周期性滞销等问题,致使农民切身利益受到损害。

环境方面,转型、重构的需求不仅体现在传统乡村总量骤减,还体现在幸存乡村所延续的乡村秩序在全球化、现代化、市场化浪潮下被逐渐瓦解,美丽的乡村意象正在迅速消逝。尽管美丽乡村政策的实施已为乡村振兴战略奠定了基础[8],但是乡村长期环境资源效益不足[9],乡村旅游产品同质化、破碎化现象明显;此外,乡村无规划、乱建设问题仍然存在,策略与方法未避免城市思维。乡村公共服务设施、基础设施与生活设施等配置相较于城市仍然相当匮乏,尤其是在城镇化进程与自然灾害冲击下,城市土地调整、地产开发等行为使乡村生态环境正在遭遇退化危机,自然灾害冲击使农业生产始终为高风险行业,使乡村随时可能

---

① 李春玲.青年群体中的新型城乡分割及其社会影响[J].北京工业大学学报(社会科学版),2017,17(2):1-7.

② 基本农村公共物品包括水利、农业科学研究和技术推广、农业区划、气象、农产品市场信息、生活基础设施、社会服务、社会管理。

③ 国家统计局农村社会经济调查司.中国农村统计年鉴(2020)[M].北京:中国统计出版社,2020.

④ 王竹,孙佩文,钱振澜,等.乡村土地利用的多元主体"利益制衡"机制及实践[J].规划师,2019,35(11):11-17.

⑤ 王竹,傅嘉言,钱振澜,等.走近"乡建真实"从建造本体走向营建本体[J].时代建筑,2019(1):6-13.

⑥ 国家统计局.中国统计年鉴(2020)[M].北京:中国统计出版社,2020.

⑦ 同③.

⑧ 杨园争.乡村振兴视角下美丽乡村建设的困境与突围:以 H 省为例[J].西北师大学报(社会科学版),2019,56(3):137-144.

⑨ 陈天富.美丽乡村背景下河南乡村旅游发展问题与对策[J].经济地理,2017,37(11):236-240.

面临突发变故,进一步导致乡村人居环境品质难以提升,同时也使小农主体难以真正分享到现代化成果。乡村空间格局也相应波动,面临着转型与重构等需求①。

近年,被广泛提起的乡村空间形态"有机更新",就是指能够在"经济、社会、环境"三个方面都做到协同。江南地区乡村如何抵抗干扰引起的负面影响、如何适应波动导致的冲击变化、如何实现三个方面的动态平衡,是乡村振兴战略背景下乡村营建的重大挑战。

1.2　国内外相关研究与实践

1.2.1　各国政府对乡村现代化转型的主导

（1）德国、法国等欧洲国家的"城乡等值"更新

德国"土地整理政策""乡村更新计划"在制度、理论、技术方面具有一定先进性。第二次世界大战之后,德国单方面追求乡村功能主义,致使德国乡村风貌受到严重破坏。因此,从20世纪60年代开始,德国在全国范围之内实施"乡村更新计划",该计划包括：① 从保护乡村特色出发,更新乡村传统建筑;② 从可持续发展角度出发,提高乡村基础设施建设;③ 从生态发展要求出发,将乡村与周边自然环境结合起来考虑;④ 因地制宜发展乡村经济;⑤ 容纳城市转移人口。总体上,德国"乡村更新计划"更倾向于采取"自下而上"的主体参与型规划方式,重视农民主体权利,主张"城乡等值"更新,对我国以农民为主体的乡村营建具有借鉴意义。

法国《空间规划和发展法（1995年）》将乡村划分为三种类型：郊区乡村、新乡村、落后乡村,因地制宜进行"乡村复苏"规划。① 郊区乡村：指农业生产仍然占据主要地位、地理位置相对偏远、土地使用面临竞争情况的乡村;② 新乡村：指集景观、旅游、居住多样功能于一体,有人口净增长现象的乡村;③ 落后乡村：指人口密度低、人均收入低、处于持续衰减状态、农业或夕阳产业占据主要经济来源的乡村。法国政府对不同地理位置、社会结构、划分类型的乡村实施了相应"乡村复苏"营建策略②。

（2）美国家庭农场规模经营与法律法规严格管控

美国农业条件得天独厚,1.8%的农业人口不仅养活了3亿美国公民,而且使美国成为全球最早实现农业现代化的国家,农产品出口量常年保持全球第一。美国在高度机械化、商品化、专业化与信息化农业领域的成功,与凭借产权清晰的家庭农场、专业合作社、公司化农场等组织经营形式进行运营密不可分。其中,小型家庭农场数量比例高达组织经营形式总数量的89.7%,尽管美国家庭农场主也普遍面临老龄化,但是在农业精细化管理下,农场主人均收入仍然处于美国中上水平。

美国实施土地私有制,不过这不代表美国乡村处于"无政府"管控状态：① 美国乡村宅基地的规模及其后退红线、道路的宽度与等级、居住单元的面积/数量及其后退红线等,都必

---

① 陈晓华,张小林."苏南模式"变迁下的乡村转型[J].农业经济问题,2008,29(8)：21-25.

② 叶齐茂.发达国家乡村建设考察与政策研究[M].北京：中国建筑工业出版社,2008.

须遵循美国乡村分区规划与宅基地法律法规管控;② 分区规划修改必须取得公民同意,充分保证乡村主体表达权利;③ 虽然在法律中没有硬性规定美国乡村遵循民族或地域风貌,但却通过"贷款担保""区位首选"与"建设标准"等"无形的手",间接管控美国乡村建筑风貌与布局特征①。

(3) 日本、韩国等亚洲国家的"小农组织化"原型

1850 年,日本先祖股份与同业组合诞生了,象征着"小农组织化"原型正式出现②。1947 年,日本《农业协同组合法》对日本乡村小农的主体地位进行了强化。"农业协同组织"作为日本政府与小农直接沟通的桥梁,使日本农业政策更贴近小农主体的真实需求,也使小农主体在法律法规约束下逐渐开始了与现代化农业的有机衔接与转型③。20 世纪 50 年代,日本经济飞速增长,导致城乡发展差距不断扩大,传统乡村社会结构面临凋敝,乡村人口密度过疏问题出现。20 世纪 70 年代,日本针对该情况实施"造村运动",充分调动小农主体的积极性,进行日本乡村自我振兴计划,因地制宜发展地方特色产业,提出"一村一品",对亚洲国家的乡村营建产生了深远影响。20 世纪 70 年代末期,日本在"造村运动"基础上,探索实施"魅力乡村"政策,将"政府主导、小农主体"逐渐转化为"小农主导、政府协作、社会支持",使小农主体热情与地方营建智慧等内生力量能够被极大程度地激发。20 世纪 80 年代之前,日本乡村长期受到主体"原子化"、"松散化"、经营"零细化"运营的困扰,20 世纪 80 年代作为转折点,日本家庭农场、农民生产合作经营组织等小农组织化法人经营体数量持续增加,标志着人多地少条件下,日本农业开始从传统"零细化"经营向适度"规模化"经营发生转化④。1992 年,日本《新政策》将法人经营体规范化⑤,预计 2023 年,日本法人经营体数量将达到 5 万⑥。

在韩国,20 世纪 50 年代,政府通过"自上而下"的乡村营建方式积极、持续扶持韩国乡村,但是收效甚微。20 世纪 70 年代,在国际经济萧条与韩国经济寒潮共同影响下,韩国尝试进行"新村运动",积极提倡"以小农为主体",政府提供财政、技术支持,但是减少直接干预,通过适度推荐标准住宅图纸和派遣技术指导人员等方式,鼓励韩国小农自助、自立进行自主"新村"营建,这不仅激发了小农"竞争与合作"的意识,而且意外地培养了小农精英,使韩国"新村运动"获得了"自下而上"的内生动力⑦,也使韩国乡村物质环境得到了显著提升。尽管韩国乡村营建起步晚于日本,但是发展飞速,至 20 世纪 90 年代末期,韩国城乡发展已基本恢复平衡,达到中等发达国家乡村发展水平。

(4) 我国政府对乡村现代化转型的推动

新中国成立之后,经过土地改革,20 世纪 50 年代初至 20 世纪 70 年代末,我国乡村迅

① 叶齐茂.美国乡村建设见闻录[J].国际城市规划,2007,22(3):95-100.
② 晖峻众三.日本农业 150 年(1850—2000 年)[M].胡浩,等译.北京:中国农业大学出版社,2011.
③ 曹斌.日本促进小农户生产与现代农业有机衔接的经验对我国乡村振兴的启示[J].西安财经学院学报,2019,32(2):88-93.
④ 车维汉.日本农业经营中的法人化动向及启示[J].现代日本经济,2004(1):32-38.
⑤ 李燕琼.日本政府推进农业规模化经营的效果及对我国的启示[J].农业技术经济,2004(5):71-75.
⑥ 张佳书,傅晋华.日本推行农村振兴的措施对中国制定乡村振兴战略规划路线的启示[J].世界农业,2019(2):43-48.
⑦ 张立.乡村活化:东亚乡村规划与建设的经验借鉴[J].国际城市规划,2016,31(6):1-7.

速进入集体化,考虑到工业化发展目标,政府开始管控乡村,打破了乡村社会既有运行规律,乡村自组织运行轨迹被动地与社会主义国家整体运行轨迹连接,乡村产业发展经历了相当程度的现代性增长,空间营建却仍然原地踏步。1980年至2005年,家庭联产承包责任制促使农业恢复了生产力,但却推动了乡村工业异军突起,乡村产业结构发生了剧烈改变,乡村营建途径迅速在不同地域、不同时期呈现出工业、科技、旅游等多样化趋势。2005年开始,随着"新农村建设"与"城乡统筹"措施顺利推进,我国乡村营建地域化发展趋势明显,其中,浙江省发挥先锋带头作用,通过"美丽乡村"政策,改善了浙江省乡村人居环境,促进了浙江省社会、经济等效益①。2021年,中共中央、国务院发布《关于支持浙江高质量发展建设共同富裕示范区的意见》,鼓励浙江立足当地特色资源推动乡村产业发展壮大,完善利益联结机制,让农民更多分享产业增值收益,高质量创建乡村振兴示范省,推动新型城镇化与乡村振兴全面对接。

我国政府聚焦"三农问题",2004年至2021年连续18年发布中央一号文件,其中,2017年,"乡村振兴战略"首次将"农业农村"发展提高到优先发展地位;此外,2018年,政府"三农问题"最高机构"农业部"更名为"农业农村部",从重点考虑农业本身到统筹规划农村整体,顶层思维发生转变。在主体营建上,我国乡村经历了"规模经营主体"到"小农经营主体"的转变,逐步促进了小农直接与现代化农业的有机衔接;产业发展上,经历了注重"农业生产功能"到"多功能"的转变,除保证我国粮食数量安全外,还强调乡村生态保护、休闲观光与文化传承等功能,2015年,"一二三产融合"发展策略更是以全产业链角度系统性地诠释了乡村的综合价值与发展趋势;空间营建上,2015年中央一号文件首次出现"村镇"等空间范畴关键词,针对乡村人居环境提出政策扶持,从"新农村建设""美丽乡村"到"宜居宜业特色村镇""田园综合体",开始注重乡村在"主体、产业、空间"的整体营建。

1.2.2　多维视野下各国乡村营建理论动态

（1）国外乡村营建相关理论研究动态

虽然建筑学是历史悠久的学科,但是传统建筑学的视野主要聚焦于城市范畴进行研究,对乡村领域的探索与关注,直到20世纪前后才开始零星出现②。

20世纪50年代至60年代,第一次工业革命和第二次世界大战使欧洲、亚洲农业遭到严重破坏,导致城乡发展差距明显,此时建筑学才开始真正将乡村纳入研究范畴。英国经济学家刘易斯的论文《无限劳动供给下的经济发展》和"费景汉-拉尼斯"的模型（Ranis-Fei Model）均提倡城乡二元经济结构,农业生产被认为是乡村的唯一功能,尤其是遭遇粮食紧缩危机之后,更强化了学者对乡村生产功能的关注。基于此,乡村建筑学在该阶段也主要围绕农业生产空间进行研究与实践。对乡村建筑学的广泛关注,是西方国家真正进入快速城镇化、全球化的一种必然现象,也是它们摆脱现代主义桎梏的一种需求。只是这种关注并不是出

①　林涛.浙北乡村集聚化及其聚落空间演进模式研究[D].杭州:浙江大学,2012.

②　Karl K. Urban tissue and the character of towns[J]. Urban Design International, 1996, 1(3): 247-263.

于乡村本体视角,而是依然出于城市客体视角,将乡村视为发展工业化、城市化的辅助工具①,甚至是为某些特定条件下的建筑学创作提供一些空间形式语言的灵感与素材。

20世纪70年代至20世纪90年代,乡村土地利用过度、生态环境破坏、传统文化消逝等问题使学者意识到乡村价值不应完全局限于农业生产功能,在主体、社会、文化、生态与消费等综合价值上,乡村逐渐开始受到关注。在主体价值上,美国学者Fuguitt、Brown、Beale②针对贫困、就业、福利等问题,揭露了农民是社会结构重要维度之一,他们对国家整体政治、经济、社会具有重要影响;在社会价值上,Spedding从社会学角度讨论了社会价值对乡村地方的生态环境和农业生产具有重要影响③;在文化价值上,Nassmser从文化学角度研究了地域文化对乡村规划、建筑、景观格局具有继承与变异的动力机制;在生态价值上,Cloke认为,第二次世界大战之后,以法国乡村旅游和休闲农业为典型代表的乡村第三产业的积极发展是促进乡村空间格局演进的主要因素之一;在消费价值上,Hopkins认为,许多乡村地区也正在因为城市消费者改变着乡村既有的空间意象④,乡村营建应在城乡融合、综合价值等前提下被讨论。

21世纪,国外不少学者开始将乡村社会、经济对永续经营的重要性纳入环境营建研究与实践的范畴中。在生态保护前提下,Isserman、Feser和Warren⑤对300余个发达乡村进行了田野调查,总结出农民素质教育、产业多样性、非农业就业是富裕乡村的三个基本特征;Meit和Kundson⑥则认为,发达乡村人口密度更高,公共卫生基础配套的同步升级具有相对重要的意义;Lazzeroni、Bellini和Cortesi⑦研究发现,乡村社会、经济对环境的永续发展具有决定性影响⑧。因此,在乡村价值综合化发展趋势下,乡村营建跳出了狭隘思维,经历了从"服务于精英""服务于城市"到"服务于乡村"的改变⑨,主体、社会、经济、文化、生态、消费等综合价值维度下的乡村营建研究与实践,使规划师、建筑师探索了乡村人居环境的综合化营建以及如何应对多风险、实现多目标与跨越多学科等进行永续经营的动力机制,为乡村提供了更综合的保护与更持续的活力。

(2)我国乡村营建研究方法发展趋势

我国乡村营建方法研究在新中国成立时期开始,在改革开放时期繁荣,起步时间较晚,

---

①　贺贤华,毛熙彦,贺灿飞.乡村规划的国际经验与实践[J].国际城市规划,2017,32(5):59-65.

②　Fuguitt G V, Brown D L, Beale C L. Rural and Small Town America[M]. New York: Russell Sage Foundation,1989.

③　周心琴.西方国家乡村景观研究新进展[J].地域研究与开发,2007(3):85-90.

④　王云才.乡村景观旅游规划设计的理论与实践[M].北京:科学出版社,2004.

⑤　Isserman A M, Feser E, Warren D E. Why some rural places prosper and others do not[J]. International Regional Science Review,2009,32(3):300-342.

⑥　Meit M, Knudson A. Why is rural public health important? A look to the future[J]. Journal of Public Health Management and Practice,2009,15(3):185-190.

⑦　Lazzeroni M, Bellini N, Cortesi G, et al. The territorial approach to cultural economy: New opportunities for the development of small towns[J]. European Planning Studies,2013,21(4):452-472.

⑧　Amir A F, Ghapar A A, Jamal S A, et al. Sustainable tourism development: A study on community resilience for rural tourism in Malaysia[J]. Procedia-Social and Behavioral Sciences,2015,168:116-122.

⑨　李京生.乡村规划原理[M].北京:中国建筑工业出版社,2018.

研究脉络与国外乡村营建发展具有相似之处。我国乡村形成、分布与发展的影响要素经历了从单要素到多要素,从注重自然要素到综合考虑自然、经济、社会、环境要素的过程,相应研究内容也随着乡村营建综合化发展趋势有所更新。

在乡村治理研究方面:武汉大学贺雪峰教授从乡村社会秩序角度出发,强调了乡村振兴的前提是农民组织起来,家庭经营在生产领域仍然具备竞争力,中国现代化事业的发展是处理好城市与乡村的关系,若城市是中国现代化事业的推进器和发动机[①],乡村则是中国现代化事业的稳定器和蓄水池。中国人民大学温铁军教授从农业经济角度出发,提出了应该更多地赋予家庭农场、农民专业合作社等小农组织化载体多样化、综合性的职能[②],增强这些小农组织化载体自身的实力和吸引力。浙江大学黄祖辉教授从未来乡村和共同富裕角度出发,提出了未来乡村的基本特征是"宜居的生态环境、融合的城乡关系、包容的文明乡风、高效的公共服务、和谐的善治社会",除收入分配、公共保障外,共同富裕发展中的短板是基础设施和人居环境。

在乡村营建研究与实践方面:吴良镛院士提出了"乡土建筑的现代化、现代建筑的地区化"的思想[③]和"人居环境科学"[④]的概念,为我国大规模的乡村营建研究与实践奠定了地域性基础。西安建筑科技大学绿色建筑研究中心刘加平、王竹等教授提出了"黄土高原绿色窑居住区"研究的科学基础与方法论,完成了"黄土高原地区绿色建筑营建体系与评价指标",构建了可持续发展理念下的新型"窑洞模式与聚落原型",提取生态智慧,并将其应用在绿色建筑的弹性空间上。浙江大学王竹教授、钱振澜副研究员提出了"以经济、社会发展为目标"的乡村有机更新策略,进行了"小美农业""团结乡建"的乡村营建组织机制创新[⑤]。王韬博士[⑥]从乡村主体认知角度出发,提出了当前乡村营建在自组织与他组织彼此博弈过程中发生进化。同济大学张尚武教授认为城乡转型的社会矛盾正在积累,不稳定的社会风险正在加大,通过乡村振兴重塑乡村活力是中国现代化建设的关键,共同缔造是推动乡村振兴的重要路径[⑦]。李京生教授凭借近年组织多元利益主体参与乡村规划实践的经验,寻找到了结合"政府引导"和"村民自发"两者优势的乡村营建路径[⑧]。杨贵庆教授提出了"农村社区"的概念,总结了乡村"文化定桩、功能注入、点穴启动、适用技术"的"活态再生"营建方法[⑨],他还将"同济—黄岩"作为"高校—地方"的营建范本[⑩]。台湾建筑师谢英俊提出"就地取材、协力建屋"的乡村营建策略,通过"简化构法",让非专业出身的小农也能够参与到乡村营建的

①　贺雪峰,印子."小农经济"与农业现代化的路径选择:兼评农业现代化激进主义[J].政治经济学评论,2015,6(2):45-65.

②　温铁军,杨春悦.综合性农民专业合作社的发展问题[J].中国农民合作社,2010(2):26.

③　吴良镛.乡土建筑的现代化,现代建筑的地区化:在中国新建筑的探索道路上[J].华中建筑,1998(1):9-12.

④　吴良镛.人居环境科学导论[M].北京:中国建筑工业出版社,2001.

⑤　王竹,傅嘉言,钱振澜,等.走近"乡建真实"从建造本体走向营建本体[J].时代建筑,2019(1):6-13.

⑥　王韬.村民主体认知视角下乡村聚落营建的策略与方法研究[D].杭州:浙江大学,2014.

⑦　张尚武,李京生.保护乡村地区活力是新型城镇化的战略任务[J].城市规划,2014,38(11):28-29.

⑧　李京生,张昕欣,刘天竹.组织多元主体介入乡村建设的规划实践[J].时代建筑,2019(1):14-19.

⑨　杨贵庆,肖颖禾.文化定桩:乡村聚落核心公共空间营造:浙江黄岩屿头乡沙滩村实践探索[J].上海城市规划,2018(6):15-21.

⑩　杨贵庆.乡村振兴战略背景下高校参与乡村建设行动的优势与启示:以浙江省黄岩区乡村振兴实践为例[J].西部人居环境学刊,2021,36(1):10-18.

过程中。清华大学段威博士基于137处乡村样本,总结了当前乡村建筑在乡村地域基因的影响下,能够从无序到有序发生演变,构建了乡村建筑从微观形态到宏观形态的桥梁①。湖南大学卢健松教授从公共性理论角度出发,分析了生产经营类与日常生活类两种隐性公共空间对当前乡村营建结果的显性影响②。

1.2.3 我国乡村营建所面临的瓶颈与需求

建筑学科在国内外乡村人居环境研究领域的成果都较丰富,但是国情的差异导致了研究成果价值观念的取向差异。

德国、法国、美国、日本、韩国等发达国家,城镇化水平高、乡村较富裕,尽管研究更多是从城市主体视角出发去认知乡村,但却较充分地显示了乡村"社会、经济、环境"共同发展的价值观念。我国乡村营建模式不应照搬照抄,但是部分成功的经验值得借鉴,尤其是日本、韩国"小农现代化"的路径启示。

整体上,我国乡村人居环境营建正在向系统化、综合化的方向发展,在乡村振兴战略背景下,面临着挑战与转型,主要存在以下瓶颈或需求:

(1)乡村"社会、经济、环境"协同营建的理念尚未成熟

不少建筑学科研究者已意识到,过分关注空间营建而忽略"城乡收入差距悬殊""社会结构严重衰弱"等经济、社会问题将不利于乡村持续、协同地发展。乡村振兴战略发布之后,建筑学科在乡村人居环境营建研究领域所更新的内容、方式、机制等实践层面都有了不同程度的认知与涉及,在理念层面也有了局部的归纳与诠释。但是,在"社会、经济、环境"综合营建理念下,仍然较少有研究能够精准、系统地给予完整路径。因此,需要针对乡村"社会、经济、环境"协同营建的必要性、认知框架、协同机制、营建策略等方面进行系统的研究。

(2)小农主体与农业规模、组织形式协同不足

部分研究者意识到主体、产业在乡村空间营建过程中的必要性,但是较多研究与实践却忽略了我国乡村将长期保持"大国小农"国情的现实,相关营建策略主要以规模农业或社会资本为主体,如国家试点田园综合体项目规模普遍在10 000亩以上,再如田园东方与蓝城项目也主要以社会资本为核心,未充分调动家庭农场、农民专业合作社等小农组织化经营形式的潜力;相反,小农主体在乡村营建中容易受到"社会资本"与"精英联盟"③的影响,一些研究与实践明显提高了对小农主体日常生活④的关注度,在小农主体话语权、公共参与权、社区营建上的成果逐渐丰富起来。然而,若从针对小农"原子化"个体而非组织化整体的视角出发,我国相对缺乏与小农主体适度规模经营相关的营建研究,也相应缺乏产业发展与小农组织化融合的营建路径。

(3)缺乏小农组织化等经营主体的综合营建策略

正是由于乡村"社会、经济、环境"协同营建的理念尚未成熟,小农主体与农业规模、组织

---

① 段威.浙江萧山南沙地区当代乡土住宅的历史、形式和模式研究[D].北京:清华大学,2013.
② 卢健松,姜敏,苏妍,等.当代村落的隐性公共空间:基于湖南的案例[J].建筑学报,2016(8):59-65.
③ 孙佩文.基于多元主体"利益—平衡"机制的乡村营建模式与实践研究[D].杭州:浙江大学,2020.
④ 贺勇,孙炜玮,孙姣姣.面向土地与生活的建筑学思考与教育实践[J].建筑学报,2017(1):54-57.

形式协同不足,导致缺乏针对小农组织化等经营主体的综合营建策略;由于我国处于快速城镇化时期,乡村内部主体要素与外部环境要素趋于复杂化,当前较多研究与实践仅针对特定局部问题展开,建筑领域缺乏对家庭农场、农业专业合作社等新型经营主体的系统性、综合性的营建策略与深度实践。

1.3　研究目的与意义

1.3.1　研究目的

（1）构建乡村"社会、经济、环境"协同营建的认知框架

乡村复杂系统在漫长发展过程中不断受到外部环境多维作用力的扰动,"社会、经济、环境"格局不稳定。本书把小农组织化新型经营主体作为能够分别链接乡村"社会、经济、环境"三个子系统的共同抓手;多维视野下,将"协同学"纳入乡村人居环境研究领域,通过对"主体、产业、空间"等多要素、多层次的解读,诠释乡村复杂系统协同营建的动力机制,将乡村过去"就空间论空间"的营建模式转化为"社会、经济、环境"协同营建的认知框架。

（2）提升小农组织化与主体意识强化的乡村内生动力

小农组织化与现代化转型是当前乡村发展的迫切需求。过去,在小农"原子化"状态下,乡村营建往往只重视局部物质空间的提升,尚未有效挖掘小农适度规模经营对乡村振兴整体性和持续性的力量。在"社会、经济、环境"协同视野下,明确小农作为家庭农场、农民合作社的行动主体和受益主体以及它的组织化与主体意识强化如何对乡村内生发展起直接促进作用。在社会主体层面,为乡村协同营建提供内生社会认同感、集体凝聚力,构建创新组织机制;在产业经济层面,与现代化适度规模经营农业进行有机的衔接;在空间环境层面,将乡村建设下的物质空间营建内容建立在"社会、经济、环境"协同机制基础上,通过赋能小农主体,直接、有效激发乡村的内生动力。

（3）提供协同机制下乡村营建的理论依据与策略支持

我国对当前乡村人居环境复杂性的认知仍然较为缺乏,往往过于重视物质空间的营建作用,却较少从"乡村本体"的多维角度出发,系统地给予乡村完整、真实与有效的营建策略。本书通过对乡村营建复杂性、主体性与动态性的诠释,从"乡村本体"角度出发,在多维视野下构建乡村协同营建模式,为"主体、产业、空间"协同营建提供具有可操作性的理论依据与策略支持,尤其是为江南地区乡村的营建方向提供一种参考。

1.3.2　研究意义

本书的研究意义主要包括理论与现实两个方面:

（1）在理论意义上,对乡村人居环境科学与协同理论的交叉研究进行补充

我国乡村人居环境营建研究起步相对较晚,既有的乡村建筑学理论与方法仍然滞后于现实需求,亟须完善与充实。2008年,《中华人民共和国城乡规划法》颁布,标志着在法律意义上给予了城乡平等和统筹发展的思想定位。在该思想定位下,乡村主体趋于多元化,产业

趋于多样化,空间趋于复杂化,仅通过"就空间论空间"等传统营建手段,难以在根本上改善小农生活,亟须在"社会、经济、环境"三位一体的协同营建视野下进行空间营建工作。基于此,在乡村人居环境营建研究中,纳入复杂系统理论、协同理论等内容,在多维视野下,构建"明确问题需求—把握理论工具—构建认知框架—提出营建策略"四个方面的完整研究路径,提供针对江南地区乡村适应和促进小农组织化、现代化转型的理论与方法,延伸了复杂系统理论、协同理论等在其他学科领域发挥作用的广度和深度。

(2)在现实意义上,提供乡村"社会、经济、环境"协同发展的操作路径

农业农村部提出,确保2035年乡村振兴取得决定性进展、农业农村现代化基本实现。在多元利益主体、多样特色产业、多种空间营建目标等发展趋势下,协同营建模式中的各个要素对乡村复杂系统的协同结果具有不同轻重的作用:在"主体联合"营建上,构建主体利益平衡的组织机制,守护小农的话语权;在"产业融合"营建上,构建多元灵活的经营模式,在锚定地方特色产业基础上,提出了产业链的纵横延伸和小微高质量产业的联动等经营策划;在"空间融合"营建上,构建适应协同的营建策略,基于江南地区乡村"地少人多"细碎化地形地貌等典型特征,进行利于主体交往的公共性空间设置与产业融合的适应性与微活化营造,在现实意义上提供了一条乡村"社会、经济、环境"协同发展的操作路径。

1.4 研究框架

1.4.1 研究内容

本书一共有七个章节,包括三个部分:第一部分为绪论,以当前乡村营建的问题为导向,通过研究背景、国内外相关研究与实践等论述确定了研究视角;第二部分为研究主体内容,由第2章至第6章构成,通过"明确问题需求—把握理论工具—构建认知框架—提出营建策略"四个方面的研究路径,对江南地区乡村营建进行了详细论述;第三部分为结语,对本书内容进行了总结与提升,论述了问题与不足。

第1章,通过对我国当前乡村营建研究问题的分析与国内外乡村营建相关研究与实践的经验总结与趋势判断,论述了本书的研究目的、研究意义和研究内容、研究方法、技术路线。

第2章,乡村营建的理论基础和相关概念界定。借鉴复杂系统与整体思维的原理与方法,论述乡村营建中"社会、经济、环境"的相互关系;通过控制论下的信息控制途径,把握乡村复杂系统从低级到高级、从无序到有序的演进特征;根据自组织与他组织的协同法则,揭示乡村复杂系统诸要素协同演进的作用机制;提取"主体、产业、空间"作为对应乡村营建中"社会、经济、环境"的协同维度的三个整体结构。

第3章,江南地区乡村营建的特征与需求。通过传统乡村营建"主体自组织状态、产业兼业化选择、空间共同体特征"与现代乡村营建"多元主体角色构成、多种产业发展类型、空间营建的两种方式"的特征对比与解析,论述了原子化小农主体正在遭遇话语权的危机,传统小微产业面临转型新趋势,乡村空间营建呈现碎片化结果,提出了江南地区乡村"小微田园综合体"的概念。

第4章,江南地区乡村"小微田园综合体"的认知框架。论述了小微规模具有独立性和灵活性的营建特征、小微单元具有低成本和普适性的营建优势;乡村"小微田园综合体"的营建过程是从"短程通讯"到"宏观涌现",营建机制是共时性和历时性动态化协同;乡村"小微田园综合体"的营建模式是主体组织的竞争与合作、产业经营的涨落与反馈、空间形态的适应与进化。

第5章,江南地区乡村"小微田园综合体"的营建策略。构建"主体联合"下话语守护的小农组织化、价值延续下的村集体再造、精英参与下的陪伴式营建等利益平衡的组织机制;提出"产业融合"下多元灵活的经营模式,锚定地方特色产业,进行产业链的纵横延伸和小微高质量产业的联动;构建"空间整合"下适应协同的营建策略,探索尊重细碎化格局的建造技艺在地途径,进行利于主体交往的公共性空间设置、利于产业融合的空间适应性与微活化营造。

第6章,将浙江湖州"璞心家庭农场"作为实证案例,在"主体联合""产业融合""空间整合"三个方面提出了具体营建策略,以期研究成果对当前乡村营建普遍存在的、小微规模的实践起到一定指导作用。

第7章,总结了对未来江南地区乡村协同营建的若干适应性建议,分析了仍然存在的问题与不足,思考了值得进一步深化的愿景与展望的可能性。

1.4.2　研究方法

（1）多维学科研究法

由于乡村营建多元利益主体、多样特色产业、多种实施目标、小农组织化与现代化转型的多维需求与综合趋势,乡村营建亟须突破唯物质空间营建的范畴。本书广泛借鉴复杂系统理论、自组织理论、协同理论等学科研究工具,通过多维学科的认知视野,将乡村作为复杂系统,充分考虑其中各个环节的相互关系与作用方式,结合小农适度规模化、组织化经营主体形式,为研究提供更全面的思路和视野。

（2）学理辨析与定性研判

通过理论解读与文献比较等方式进行学理辨析与定性研判,直接把握乡村营建中"社会、经济、环境"要素的核心属性和演进过程的主要矛盾,寻找变量之间的关系与规律,诠释不同乡村人居环境营建态度的发生原因、实施利弊与对乡村"社会、经济、环境"可持续发展形成的影响与隐患,探索能够应用于实践的江南地区乡村营建策略,尝试实现从理论到应用的转化。

（3）实证研究法

通过田野调查、问卷访谈等方式对乡村进行具体分析与考察,获取客观数据和资料,提取江南地区乡村协同营建的基础与场所信息,在特殊性与普遍性中寻找研究对象的核心属性和进化机制,概括内在逻辑与实施路径。以浙江湖州"璞心家庭农场"作为实证案例,验证协同机制对江南地区乡村营建的重要性与必要性,因地制宜为江南地区乡村提供具有操作性的营建策略。作为样本示范,详细诠释"小农主体、政府引导、科技支撑、资本助力、社会参与"的主体互助的"团结乡建"模式和小农激励的"小美合作社"支撑,进一步优化动态与适应的空间协同营建策略。

1.4.3　技术路线

研究技术路线见图1-2。

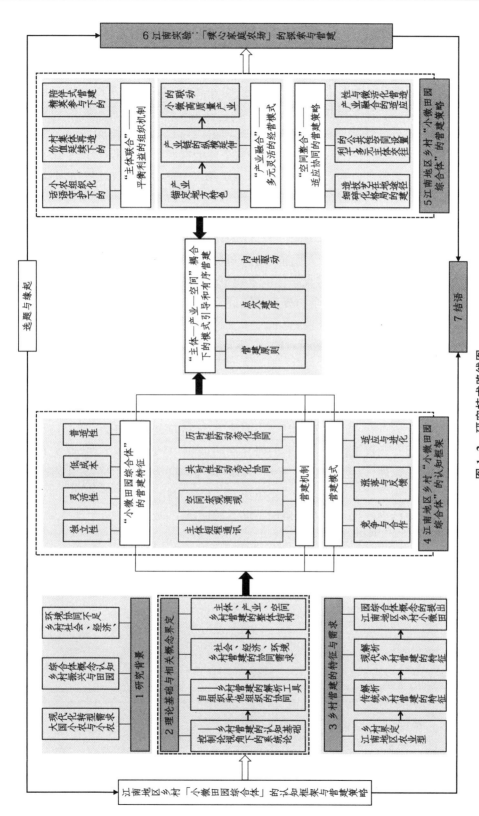

图 1-2　研究技术路线图

（图片来源：作者绘制）

1.5 研究创新点

（1）在协同理论导向下提出了江南地区乡村"社会、经济、环境"融贯的营建视角。在推动乡村"社会、经济、环境"全面振兴的轨道上，明确了当前乡村持续经营与发展的根源在于"主体、产业、空间"的适应性协同。通过复杂系统理论、自组织理论、协同理论等工具的引入，将乡村营建的关键要素与小农组织化新型经营主体的发展联系起来，提出了江南地区乡村"小微田园综合体"的概念。同时，将乡村协同营建视为一种动态发展过程，而不是简单地仅对某段静态时间存在的问题进行分析与研究，揭示了乡村营建的协同规律，保证了研究内容的综合性。

（2）明确了江南地区乡村"小微田园综合体"的认知框架，基于协同理论和乡村人居环境学科进行多维视野下的理论研究。当前针对协同与空间的研究成果主要出现于城市人居环境营建范畴，相关研究成果在乡村人居环境营建范畴甚少。从"小微田园综合体"认知框架的构建、协同机制的分析、营建策略的提出到实证营建的示范，本书以小农组织化新型经营主体为切入点，分别针对"主体、产业、空间"三个维度进行了协同研究，提出了适宜的营建策略与方法，为乡村营建提供了新途径。此外，拓宽了协同学在乡村人居环境学科领域的应用。

（3）提出了江南地区乡村"小微田园综合体"的营建策略。构建了利于小农组织化与现代化转型的营建策略，包括"主体联合"下的利益平衡、"产业整合"下的多元经营和"空间融合"下的适应协同三个方面。以浙江湖州"璞心家庭农场"的项目为依托，在理论与实践层面均给予了充分的论述。与仅重视物质空间的研究不同，本书基于"大国小农"现实的长期性与"小农组织化"的迫切性，以乡村"社会、经济、环境"适应协同为营建目标，以小农现代化转型与小农话语权赋能为营建动力，提出了"团结乡建""小美合作社"等创新机制，进一步有针对性地提出了江南地区细碎化地形地貌格局下动态协同的空间营建方法与实施路径，完成了交叉学科研究下的建筑学回归。

2 乡村营建的理论基础与相关概念界定

2.1 控制论视角下的系统论——乡村营建的认知基础

2.1.1 复杂系统理论与整体思维

（1）系统论原理：要素、结构、关系

根据系统论创始人美国学者贝塔朗菲（Bertalanffy）的观点，系统论包括一般系统论、控制、信息论[①]，他定义："系统，指由一定要素组成，具有一定层次、结构，并和环境保持关系的统一整体。"[②]此后，关于系统论的定义不断丰富，如"系统是有组织和被组织化的整体""系统是众多要素保持有机秩序的整体""系统是朝着一个目标行动的东西"……1978年，钱学森定义了一般系统论："把极其复杂的研究对象称为'系统'，即由相互作用和相互依赖的若干组成部分结合成的具有一定功能的有机整体，这个'系统'本身又是它所从属的一个更大系统的组成部分。"[③]同理，乡村作为由相互作用和相互依赖的社会、经济、环境等子系统结合成的具有一定功能的系统，本身也是它所从属的一个更大乡村系统的组成部分。

系统论观点下，系统无处不在，世界上任何对象都可以作为系统去研究。以一般系统论、信息论、控制论为代表的理论与方法共同形成了系统科学的基础。其中，第三代系统论中的复杂系统，除包括要素、结构、环境外，还包括要素与要素、要素与结构、结构与环境等非线性复杂关系。因此，对于乡村复杂系统，仅将研究对象简单还原为要素、结构、环境本身的一般系统论不足以胜任当前乡村营建研究的需求，而应该提供一种整体思维，将研究对象视为统一整体去处理，除分析要素、结构、环境本身外，还要重点考察要素、结构、环境之间的相互关系和影响规律。

（2）复杂系统理论：整体大于部分之和

复杂系统理论是复杂科学研究中的一个前沿方向。法国哲学家埃德加·莫兰（Edgar Morin）是系统地提出复杂性方法的先驱。他的复杂性方法主要是通过"多样性统一"的概念模式来纠正经典科学的还原论方法，他认为认知对象的背景也应作为研究的部分，它不应该被剥离讨论，他反对封闭系统"整体与部分共同决定系统"的单纯整体原则。

复杂系统是多层次子系统所组成的网络结构，能够通过简单运作规则而产生复杂集体行为和复杂信息处理，这些复杂行为或复杂信息通过不断改变系统周围的状态，产生"新信

---

① 孙炜玮.基于浙江地区的乡村景观营建的整体方法研究[D].杭州：浙江大学，2014.

② 贝塔朗菲.一般系统论：基础、发展和应用[M].林康义，魏宏森，译.北京：清华大学出版社，1987.

③ 李晓帆，周述实.从系统理论看我国所有制结构[J].学习与探索，1982(2)：72-77.

息—新决策"的反馈回路,循环往复,并能够通过不断学习具有环境适应性。

在城市规划领域,已有不少研究通过研究复杂系统理论突破了还原论所认为的"整体等于部分之和"的单纯整体原则,为城市营建的复杂性提供了新认知。从乡村人居环境科学研究现状看,仅通过传统建筑学研究方法对由众多要素组成的乡村复杂系统进行研究显得单薄与片面。因此,在乡村营建研究中纳入复杂系统理论,能够摆脱过去在城乡割裂、封闭状态下去讨论乡村社会、经济、环境等子系统所形成的系统要素、结构、环境及其相互关系的语境,将有利于更整体、更综合地把握和导控乡村营建。

(3) 整体思维

整体论与还原论是研究系统问题的两种途径。还原论认为宇宙是机械系统,能够被简单地还原为一个决定性力量控制下的多个要素,再通过线性地控制各个要素达到控制系统整体的目标。但是,由于复杂系统或有机整体难以被简单地、线性地还原,在分析系统错综复杂的非线性关系时,还原论在诠释要素与要素、要素与结构、结构与环境等关系上表现出明显不足。乡村营建涉及多领域、多要素,内容广泛。针对乡村复杂系统,从整体设计思维出发,提炼乡村复杂系统的核心要素特征与需求,分析要素、结构、环境之间的关系,综合地把握复杂系统形成、发展与演进的过程与规律。对于在乡村复杂系统中整体思维的强调,整体论与还原论的方法可以共同存在、相互配合。只是当前乡村人居环境建设所面临的诸多问题的根源是过度还原的思维,即孤立地、线性地看待要素,忽略了要素、结构与环境之间的关系。

(4) 涌现机制

涌现(emergency)机制是复杂系统从低阶到高阶演进的现象之一,是主体从量变到质变、系统从微观累积到宏观改变的过程。通常来说,凡是一个过程的整体行为远比构成它的部分复杂,都可以被称为涌现,如蚂蚁社群、神经网络、免疫系统、世界经济等。

涌现机制诞生于系统科学,尽管没有明确定义[1],却广泛出现在各个学科的研究领域中,奠基人约翰·霍兰(John Holland)对涌现的特征进行了总结[2]:"涌现以貌似随机、简单规则的相互作用为中心,却比单独行为的简单累积复杂得多,即使规则简单到荒谬,也能够使复杂性涌现结果发生;系统中的主体通过相互学习、竞争、合作,随之产生对规则的彼此适应,由于该适应过程具有联动性,涌现机制下系统整体的复杂性会大于构成它的部分的总和;涌现是很普遍的自然现象,在该现象生成过程中,即使规则本身不变化,规则所决定的事物也会发生变化,将会出现大量不断生成的新结构和新模式。"

对于乡村的地域性和自组织特征来说,涌现原理能够促进我们思考个体行为如何生成整体特征。复杂系统中,微观个体一般只能够依靠局部信息或一般原理运行,即使该信息非常微弱,宏观整体的行为却也能够从微观个体的相互作用中涌现出来。涌现包括两种基本现象:① 由简入繁的过程:涌现阐述了"复杂事物是从简单事物发展生成"的规律,少数简

---

① 霍兰."涌现这么复杂的问题,不可能只服从于一种简单的定义,我也无法提供这样的定义。"
② 霍兰.涌现:从混沌到有序[M].上海:上海世纪出版集团,2006.

单规则就能够生成令人惊讶、错综复杂的现象①；② 整体大于部分之和：整体性质虽依赖于个体状态，但却也不完全依赖于个体状态，个体行为与运动相对随机，整体性质却相对稳定；局部成分甚至可以更替，整体状态却仍然能够相对地保持一致；城市也是如此，它的构成部分无时无刻不在更替，整体面貌却在一定时间内相对稳定。由此可得，系统整体能够表现出个体所不具有的性质，这种性质虽然与大量个体独立行为紧密相关，但是个体能力有限，整体能力超越个体能力，而且这个过程能够在无中心执行者的控制下发生。

2.1.2 系统要素的信息控制途径

研究系统要素的信息控制途径的意义，不仅在于把握信息控制过程的特征与规律，还在于利用这些特征与规律对系统进行控制、管理与改造，使系统在控制论导向下被不断优化②。控制论下的系统与一般系统的营建思路不同，控制论下的系统主要对受控的系统感兴趣，或创造条件把本来不受控制的系统置于能够控制的范围下。

（1）控制论原理概述

1948年，美国学者诺伯特·维纳定义："控制论，是研究包括人在内的生物系统和包括工程在内的非生物系统等各种系统控制过程中的共同特征与规律，即信息交换过程的特征与规律的科学，具体来说，是研究动态系统在环境变化条件下如何保持平衡状态或稳定状态的科学③，也是研究与生物系统或非生物系统两者有关系的社会、经济系统内部如何联系、控制、组织、平衡、稳定、计算以及与周围环境相互反馈的方法论。"④诺伯特·维纳创造了 Cybernetics 这个新词语来命名该科学。贝塔朗菲定义："控制论，是研究系统和环境之间以及系统内部的信息如何传递，并且以系统对环境功能的控制或反馈为基础的一种理论（图2-1）。"⑤

图2-1   控制论下复杂系统要素的信息控制途径示意图

（图片来源：作者绘制）

由此可见，控制的基础是信息，信息的传递是为了控制或改善系统，任何控制都依赖信息的不断反馈来实现。其中，反馈是信息的传递中一个极其重要的概念，在通俗意义上，信息的反馈是指控制系统将信息输出，再将其结果反作用输入回来，对信息再输出产生再影响，最终起到控制或改善系统的作用，使系统达到预设目标⑥。通常，我们未能够对系统实现有效控制，是因为未获得或分析足够的有效信息⑦。

① 卢健松.自发性建造视野下建筑的地域性[D].北京：清华大学,2009.
② 孙炜玮.基于浙江地区的乡村景观营建的整体方法研究[D].杭州：浙江大学,2014.
③ 钱学森.工程控制论：新世纪版[M].上海：上海交通大学出版社,2007.
④ 罗坤瑾.控制论视域下的网络舆论传播[J].学术论坛,2011,34(5)：179-183.
⑤ 贝塔朗菲.一般系统论：基础、发展和应用[M].林康义,魏宏森,译.北京：清华大学出版社,1987.
⑥ 金观涛,华国凡.控制论与科学方法论[M].北京：新星出版社,2005.
⑦ 罗坤瑾.控制论视域下的网络舆论传播[J].学术论坛,2011,34(5)：179-183.

（2）信息的反馈机制

反馈是系统要素在控制论下进行信息控制的核心机制之一（图2-2）。其中，负反馈调节是增强复杂系统控制能力的重要环节之一，其本质在于设计了一个目标差不断减少的过程，通过不断将系统控制的结果与目标做比较，使目标差在一次又一次的控制中缓慢减少，最后达到系统在控制中演进的目标。因此，负反馈机制有两个核心判断：① 系统出现目标差，将自动出现某种减少目标差的反应；② 减少目标差的调节需要一次又一次的反馈①，逐渐积累，以接近目标。

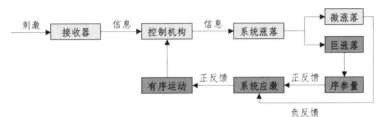

图 2-2　控制论下的复杂系统负反馈与正反馈机制示意图

（图片来源：作者绘制）

相反，正反馈调节的本质是一个目标差不断增多的过程。正反馈一般意味着对预期目标控制过程的破坏，若正反馈发展达到极端，系统就会超越稳定状态，导致组织的崩溃或事物的爆炸。因此，负反馈与正反馈对复杂系统在控制中演进都非常重要，但是通过对组织或事物作用方式的调节，负反馈与正反馈之间也可以相互转化。

2.2　自组织和他组织的协同——乡村营建的解析工具

2.2.1　自组织和他组织

在乡村营建过程中，乡村复杂系统始终处于动态变化的环境中，多要素共同影响它的发展。

自组织和他组织是一组相对的概念，是乡村营建过程中重要的两种方式。自组织的作用力来源于系统内部，无论系统的复杂程度如何提升，系统整体都朝着有序的方向演进。这个过程与"无组织"完全不同，无组织的作用力虽然也来源于系统内部，但是系统整体却朝着无序的方向发展。而他组织的作用力来源于系统外部，通过外力实现系统内部的功能变化。对于乡村营建，自组织和他组织的方式是相对的，也是统一的，其内部和外部的作用力在乡村营建上具体表现为自发营建和统筹规划两个方面。

自组织理论是系统论的分支之一，它出现于20世纪60年代晚期，主要应用于复杂系统形成、发展和演进等问题的规律性判断，如社会系统、生命系统等的生成机制与演进规律以及在何种条件下产生何种秩序等的规律性解析。自组织理论诞生的时间较晚，但是它为人

---

① 孙炜玮.基于浙江地区的乡村景观营建的整体方法研究[D].杭州：浙江大学,2014.

居环境科学研究提供了一个新研究视角,也在其他领域得到了广泛应用。在建筑设计与城市规划领域,自组织理论在复杂系统的演进机制解析等方面具有广泛应用,以色列学者波图戈里(Portugali)在理论著作《自组织与城市》中阐述了城市作为自组织系统的生成机制与演进规律,讨论了基于自组织研究的空间复杂性问题,为城市研究提供了一种革命性思路。我国自组织理论研究起步的时间较晚,研究内容主要集中在以下两个方面:① 自组织理论在城乡演进规律中的解析与应用;② 自组织理论与城乡规划学科交叉下的研究。由此可见,我国自组织理论研究主要关注于从宏观层面上对城乡演进机制进行解析与归纳,理论性较强,实践性相对较弱[①]。

　　自组织理论的基本思想主要是耗散结构理论(dissipative structure)和协同理论(synergetics)。耗散结构理论描述的是复杂系统在远离平衡状态时且参数达到一定阈值时,会形成新的稳定状态,该稳定状态的形成一般需具备以下三个条件:① 系统具有开放性,即:系统能够与外部环境进行物质、能量的交换;② 系统远离平衡的状态;③ 系统内部不同要素之间存在非线性相互作用并需要通过不断输入能量、信息维持稳定。耗散结构理论明确了复杂系统结构发生演进的前提条件,但是对于如何促使一个复杂系统"从无序到有序"发生的演进过程却未做具体诠释。协同理论与耗散结构理论[②]几乎诞生于同一时期。协同理论创始人德国物理学家赫尔曼·哈肯(Hermann Haken)这样定义"协同":"协同是系统内部诸要素相互协调、彼此合作的集体行为,也是系统的整体反应。"协同理论是能够诠释乡村复杂系统本体如何保持自组织活力的一种方法论,在自组织理论中处于动力学方法论的地位。其中,协同理论所涉及的序参量、竞争、支配等基本概念对乡村复杂系统如何从乡村"社会、经济、环境"波动状态转化为协同状态的营建研究过程具有一定指导意义。协同理论最初应用于物理学、热力学等研究领域,逐渐被拓展到任意开放系统、动态系统,自组织理论下的协同理论阐述的机制与现象是一种认识复杂事物和解析复杂规律的手段,能够为乡村人居环境建设提供新的视角和新的方法。

　　他组织在一定程度上弥补了自组织演进过程中的不足,尤其是在我国快速城市化背景下具有更突出的意义。以政府为主导的统筹规划是他组织干预乡村营建的主要手段,保证了营建清晰的目的性,对提高营建效率具有重要作用。更重要的是,现代化技术向乡村的渗透,可以更好地控制营建的质量和稳定性。他组织对乡村营建的影响和对主体生活的提升有诸多有益之处,但是当外部的作用力过度介入乡村系统时便会产生一系列不良影响,这些影响甚至会破坏掉那些最珍贵的部分,使许多特色显著的乡村趋于平庸。根源在于对乡村主体关怀的欠缺,现代化技术赋予乡村生活更多可能性的同时,若只停留在对城市模式的照搬照抄便会失去乡村营建的本土灵魂。

2.2.2　协同理论的核心概念

　　协同理论认为自组织复杂系统的演进动力来源于该系统内部的两种相互作用:竞争与

① 王韬.村民主体认知视角下乡村聚落营建的策略与方法研究[D].杭州:浙江大学,2014.
② 曾国屏.自组织的自然观[M].北京:北京大学出版社,1996.

适应。系统内部要素与要素、子系统与子系统之间的竞争使系统远离平衡状态,在非平衡状态下,要素、子系统之间的自组织机制下的适应作用又将触发占据优势地位的序参量出现,支配系统整体发生演进。

（1）协同理论及其应用领域

多维视野下,乡村复杂系统涉及社会、经济、环境等领域及其非线性复杂关系,符合利用协同理论进行认知诠释和机制分析的条件。

协同学是一门交叉学科,1971 年,由德国物理学家赫尔曼·哈肯（Hermann Haken）创建,指在不平衡状态的复杂系统中,各个子系统之间通过合作,在遵循共同规律下,实现子系统之间协调、有序的动态平衡①。简单地说,协同学是关于复杂系统中各个子系统之间相互竞争、合作的科学②。20 世纪 80 年代,协同学被纳入复杂科学概念的框架中,被认为是研究、探索复杂科学的基础理论之一,应用领域逐步从物理学拓展到生物学、社会学、生态学,并且对城市规划等城市研究领域的基本理论与基本方法产生深刻影响。

当前,已有国内学者将协同理论应用于城乡规划领域中,并且诞生了一种新规划方法——协同规划：罗彦等③应用协同理论构建了城乡统筹协同规划模型；祝春敏等④对城乡协同规划理论体系构建进行了探索。尽管协同规划从宏观到微观都有所涉及,并且逐渐在规划项目中得到实践与完善,但是多数协同规划研究侧重于乡村被动满足城市需求,较少从乡村本体角度出发。近年,施筱雯⑤尝试从乡村本体协同规划视角出发,总结了转型时期乡村发展新需求,建议在乡村规划本身编制过程中纳入协同思想。

乡村作为有机整体,是在诸多要素相互影响、共同作用下形成的复杂系统。将协同理论应用于乡村营建中：第一,有利于厘清乡村营建所涉及的多要素,有利于对乡村复杂系统"社会、经济、环境"等子系统的地位、作用、层次以及多主体化、多产业化、多功能化等特征进行深度分析与研究；第二,能够有效促进多要素之间相互合作,避免相互制约,发挥多要素组合的最佳效力,变无序竞争为有序合作；第三,提升乡村营建的系统性与结构性,对子系统各层次要素的内容与关系进行梳理,促进它们在不同维度的相互协调,形成一个有机共同体,构建一个全面协调的组织模式,实现乡村综合、协同的营建目标。

（2）协同理论的核心概念

① 序参量（order parameter）

序参量是协同理论的核心概念,是描述复杂系统宏观状态以及表达系统有序程度的状态变量,复杂系统的状态可以通过状态变量进行描述。随着时间推移,这些状态变量受到环境影响发生变化的快慢不同、大小不同,当系统接近显著变化临界值时,变化慢、变化小、较稳定的状态变量数量就会越来越少,甚至只剩一个。这些为数不多的慢变化、小变化的状态

① 哈肯.高等协同学[M].郭治安,译.北京：科学出版社,1989.
② 王贵友.从混沌到有序：协同学简介[M].武汉：湖北人民出版社,1987.
③ 罗彦,杜枫,邱凯付.协同理论下的城乡统筹规划编制[J].规划师,2013,29(12)：12-16.
④ 祝春敏,张衔春,单卓然,等.新时期我国协同规划的理论体系构建[J].规划师,2013,29(12)：5-11.
⑤ 施筱雯.转型时期协同视角下浙江省乡村规划策略探究[D].杭州：浙江大学,2017.

参量就是能够导控系统宏观行为和表达系统有序程度[①]的序参量。序参量就像是系统有序运动中一双"无形的手",无论外部环境如何发生变化,都能够使系统、子系统、要素重新朝着恢复有序的方向演进。

序参量最初是由苏联物理学家列夫·达维多维奇·朗道(Lev Davidovich Landau)为描述连续相变引进的概念。赫尔曼·哈肯(Hermann Haken)却将其作为处理复杂系统自组织问题的一般依据,他所描述的序参量是具有支配作用的媒介,不论何种系统,如果某状态参量在复杂系统演进过程中从无到有发生变化且能够导控新结构形成、反映新结构有序程度,那么它就是序参量[②]。

在复杂系统演进过程中,序参量一般不唯一,序参量之间存在一定竞争关系且最终只有少数序参量能够取得支配地位。复杂系统的不稳定性是序参量出现的前提条件,复杂系统内部的竞争机制是序参量产生的动力来源。需要特别说明的是,序参量不是某要素,也不是某子系统,而是描述复杂系统内部大量要素或子系统集体运动有序程度的宏观状态参量,它是协调复杂系统内部各个要素或各个子系统的变量,在演进过程中变化较慢,效果却较强。序参量需要具备适应复杂系统环境条件和促进复杂系统有序演进的能力,有足够能量促使系统认同其所引导的跃迁模式,促进系统整体朝着更复杂、更高级的方向演进[③]。因此,在乡村营建中,确定序参量,并且进行协调,是促使乡村进行协同营建的关键环节之一。

② 竞争(competition)

竞争是复杂系统在演进过程中频繁发生的现象,只要系统内部或系统之间存在差异,就会出现竞争。实际上,复杂系统发展的非平衡状态是竞争存在和发生的前提条件。在复杂系统中,诸要素、诸子系统对外部环境和外部条件的适应能力不同,其获得物质、能量、信息的水平也不同[④],因此,竞争必然存在。从复杂系统不断发生演进的角度看:一方面,竞争是在复杂系统远离平衡状态时继续发生演进的必要条件;另一方面,竞争是促进复杂系统重新恢复有序、协同的动作之一。

协同是乡村复杂系统中的要素、子系统相互协调、彼此合作的集体行为,也是体现系统整体性的一种形式。广义的协同既包括合作,又包括竞争,是要素或子系统在竞争后期发生自组织演进的一种表现。复杂系统演进中,竞争和合作能够相互转化、此消彼长,使系统发生"平衡—非平衡—平衡"的循环往返,不断促进系统形成新秩序,从而达到更复杂、更高级的动态协同的状态。

③ 支配(domination)

"协同理论的主要思想,即:把控制参量调整到适当值,间接驾驭系统的自组织过程。"[⑤]序

① 王艺媛.同城化背景下宁镇扬文化产业协同发展研究[D].扬州:扬州大学,2016.

② 哈肯.大脑工作原理:脑活动、行为和认知的协同学研究[M].郭治安,吕翎,译.上海:上海科技教育出版社,2000.

③ 吴彤.自组织方法研究[M].北京:清华大学出版社,2001.

④ 高其腾.协同观下的商业步行街中心节点空间设计研究[D].重庆:重庆大学,2011.

⑤ 哈肯.大脑工作原理:脑活动、行为和认知的协同学研究[M].郭治安,吕翎,译.上海:上海科技教育出版社,2000.

量与复杂系统的支配作用具有直接联系。

复杂系统能够发生有序演进的"无形的手"就是序参量,通过序参量支配系统整体演进的过程就是协同理论中的支配作用(图 2-3)。德国物理学家赫尔曼·哈肯(Hermann Haken)从信息论观点出发,认为序参量能够对复杂系统起到双重作用,既通知要素、子系统如何运动,又告诉观察者复杂系统的宏观有序状态。

支配原理表明尽管复杂系统所接收的信息与能量多种多样,但并非所有状态参量都能够对系统的集体行为产生实际作用,对系统的有序影响或无序影响是衡量一个状态参量是否具有支配地位的客观标准。无序影响的表现是紊乱、不稳定性,有序影响的表现是组织性、协同性和适应性。因此,支配作用能够对系统施加有序影响,促使系统从无序到有序发生演进,为导控复杂系统提供依据。从协同优化的需求出发,对一个处于动态变化中的复杂系统进行干预与导控的关键是重新构建系统的结构秩序和运动规律,使系统在较长时间中都能够在序量导控下有序演进。

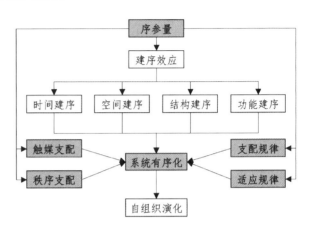

图 2-3　协同理论下的支配作用示意图
(图片来源:作者根据王敏.城市风貌协同优化理论与规划
方法研究[D].武汉:华中科技大学,2012.修改绘制)

综上,我们可以将协同理论诠释的基本概念作为认识系统的一种途径,启发我们探索乡村发展的演进机制与优化规律。在此基础上,乡村营建将不再只是经验和知识的形态创造,而是遵循一定逻辑和规律的思维创造①。

2.3　乡村营建的协同维度与整体结构

2.3.1　乡村营建的复杂性

乡村营建涉及内容广泛,十分复杂。在地形地貌类型上,涉及山地丘陵、水网平原、滨海岛屿等,类型丰富;在乡村主体角色上,涉及小农个体、村集体/村两委、地方政府、工商资本、社会精英等;在乡村产业类型上,涉及农业、手工业、旅游业等;在乡村空间类型上,涉及居住建筑、公共建筑、场地等。总之,乡村营建内容、层次较为多样,要素与要素之间的关系也呈现出多回路、非线性等特点。

乡村复杂系统的要素包括但不局限于自然生态、社会生活、经济生产等深层次要素,这些要素或由这些要素构成的子系统与整体之间存在紧密联系,然而,要素之间或要素与子系

①　綦伟琦.城市设计与自组织的契合[D].上海:同济大学,2006.

统之间的相互作用可能比要素或子系统本身更为复杂。乡村复杂系统的要素、层次、结构会在营建过程中相互交织,也会在时间、空间和功能上彼此嵌套①。尤其是近年,随着交通、网络等技术的迅速发展以及美丽乡村、乡村振兴战略的颁布与实施,乡村内部的要素和外部的环境都发生了明显变化,打破了过去乡村营建相对封闭的状态。因此,在当前乡村振兴战略背景下,应从乡村本体视角出发,精准把握乡村复杂系统的要素、层次、结构、环境及其动力机制。

2.3.2　乡村营建的协同维度：社会、经济、环境

在乡村营建过程中,乡村复杂系统不断受到外部信息刺激的扰动,大量信息在主体内部经过竞争与适应,最终会形成一个或多个具有支配地位的作用源,即序参量②。一旦序参量形成,便会对后续乡村演进起到一定支配作用,促进乡村营建维度类型化,包括社会、经济、环境等维度。

乡村复杂系统由诸子系统组成,也可以将其归纳为三个子系统：社会子系统、经济子系统、环境子系统。各个子系统既独立又存在紧密联系,它们在导控乡村营建的行为中会相互交叉、融合。协同学作为自组织理论中的动力学方法论,通过协同营建,能够使协同成为乡村营建过程的内部动力,共同导控乡村复杂系统的演进或跃升(图2-4)。但是,在乡村营建不同发展阶段,系统内部的序参量的动力特征会此消彼长③。因此,需要以动态的视野进行乡村营建研究,同时注重乡村情境的特殊性和还原乡村营建的真实性。

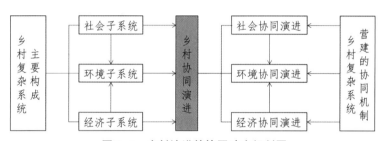

图2-4　乡村演进的协同动力机制图

(图片来源：作者绘制)

2.3.3　乡村营建的整体结构：主体、产业、空间

在多维度的乡村营建中,主体权利体现了乡村的社会属性④,产业发展体现了乡村的经济属性⑤,空间载体体现了乡村的环境属性。因此,将乡村营建中的"主体、产业、空间"等属性与"社会、经济、环境"等维度相互对应起来,进行解析和论述(图2-5)。

---

①　孙炜玮.基于浙江地区的乡村景观营建的整体方法研究[D].杭州：浙江大学,2014.

②　哈肯.信息与自组织[M].宁存政,郭治安,译.成都：四川教育出版社,1988.

③　王韬.村民主体认知视角下乡村聚落营建的策略与方法研究[D].杭州：浙江大学,2014.

④　李敢,余钧.空间重塑与村庄转型互动机制何以构建[J].城市规划,2019,43(2)：67-73.

⑤　叶露,黄一如.资本动力视角下当代乡村营建中的设计介入研究[J].新建筑,2016(4)：7-10.

（1）乡村营建的"社会—主体"解析维度

在乡村现代化转型过程中，城乡之间主体、产业、文化等要素交换加剧，不仅乡村原有主体对乡村的认知发生了改变，乡村主体要素的种类也不断增加，如工商资本、社会精英等的介入。一旦这些新主体在乡村的认知上达成利益共识，形成"精英联盟"，他们的价值观将很容易侵蚀乡村原有小农主体的价值观，成为乡村社会的主流价值观[①]。若"精英联盟"以逐利为目

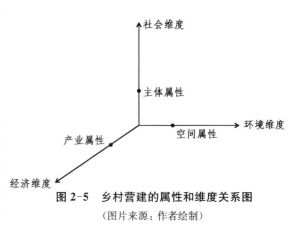

图 2-5　乡村营建的属性和维度关系图
（图片来源：作者绘制）

的，导致乡村同质化营建和小农话语权削弱甚至丧失等危机爆发时，则回归小农主体要素的话语权，是反映乡村社会维度协同程度的重要内容。因此，原有小农主体的话语权如何回归、其他新介入主体的利益如何平衡，是在"社会—主体"上探索乡村如何协同营建的重要内容。

（2）乡村营建的"经济—产业"解析维度

产业发展不仅能够从根本上支撑生态环境的改善、高品质农产品的流通、农耕民族文化的发扬[②]，而且能够促进乡村旅游业的兴起，促使劳动力获得就业机会和增收机会，是提高乡村经济维度协同的重要目标。发达地区乡村相对其他地区乡村具有工商业基础好、城乡一体化程度高、小农城市化压力小、乡村空心化程度低、交通便利性强等优势。因此，在这些优势基础上，如何对发达地区乡村进行地方特色产业挖掘、产业链延伸、多样产业联动，是在"经济—产业"上探索乡村如何协同营建的重要内容。

（3）乡村营建的"环境—空间"解析维度

乡村空间要素是主体要素生产、生活的物质载体，主体要素、产业要素都将在空间要素中进行活动，它以空间格局、功能结构、建筑形态等为表现形式，与乡村环境维度紧密相关，是提高乡村环境维度协同的重要内容。毋庸置疑，乡村环境营建能够弥补乡村落后的现代功能，为乡村"社会、经济"营建的振兴提供良好的"容器"条件。在乡村现代化转型的新时期，经济发展、中产阶级兴起及其新需求的诞生、现代交通与现代信息技术在乡村中的渗透等，均为城乡价值交换创造了新机会。因此，在此意义上，乡村"环境—空间"维度上的营建并非孤立的建筑学问题，而是与"社会—主体""经济—产业"维度密切相关的综合问题。

2.4　本章小结

本章节论述了乡村营建的相关理论基础、研究视角及其解析维度。通过对控制论视角

①　王韬.村民主体认知视角下乡村聚落营建的策略与方法研究[D].杭州：浙江大学,2014.
②　杨华,陈奕山,张慧鹏,等.多维视野中的乡村振兴（笔谈）[J].西北民族研究,2020（2）：53-69.

下的系统论、自组织和他组织的协同机制等研究,诠释了乡村营建的认知基础解析工具,梳理了乡村营建"社会、经济、环境"各自对应"主体、产业、空间"的解析维度。

① 系统论作为一种能够为复杂现象提供认知与分析的思维方式,通过其复杂系统、整体思维的原理与方法,诠释了乡村营建中的"社会、经济、环境"子系统之间既彼此独立又紧密联系的复杂关系;② 通过借鉴信息传递、反馈等控制途径,解读了乡村复杂系统营建"从低级到高级、从无序到有序"的演进过程;③ 基于自组织、他组织和协同理论的内容诠释了乡村演进的动力来源于复杂系统内部的竞争与适应,具有支配地位的序参量能够使乡村营建维度类型化,揭示了乡村"社会、经济、环境"协同营建的动力机制;④ 在相关理论基础上,明确了乡村营建中"社会—主体""经济—产业""环境—空间"的对应关系。

3 江南地区乡村营建的特征与需求

3.1 "农业型乡村"解析

我国是农业大国,在农业社会千年发展历史中产生了精耕细作的农业文明,形成了男耕女织、自给自足的农业特色。2017 年,党的十九大提出乡村振兴战略,农业农村被提高到优先发展的战略地位,标志着我国乡村营建进入新时期。"农业型乡村"的振兴是重中之重。

(1)乡村的四种主要类型

随着城镇化、工业化的快速发展,我国乡村主要出现了城镇型乡村、工贸型乡村、旅游型乡村与农业型乡村四种类型。

① 城镇型乡村,指在城镇化过程中被深度同化的乡村,具有自然景观乡村化、生产方式非农化、生活方式城镇化、思想意识现代化等基本特征。城镇型乡村在我国发达地区普遍存在,又称"隐性城镇化",农民失去了耕地、农业退出了历史,但是由于农民"进厂不进城",无空间上的转移,因此不被纳入我国城市化水平的统计中,不属于真正意义的乡村。

② 工贸型乡村,指农业退化严重甚至基本消失,以工业、商贸等第二、三产业为绝对主导的乡村,凭借乡村工业化的崛起走向就地城镇化。工贸型乡村在我国东部沿海工贸发达地区存在较多,它的发展受益于农民主体的组织化①。工贸型乡村的空间形态不可避免地出现了城镇化的异化现象,分散式的居民点被整合为集中式的居民区。节地措施下的"农民上楼"导致了乡村建筑形态失去了地域特征,使工贸型乡村在建筑形态上趋于城镇化②。

③ 旅游型乡村,指依靠自身优良景观、历史、文化资源,从第一产业向第三产业基本完成转型的乡村。随着旅游业的兴起,乡村逐渐成为观光、休闲、度假的目的地,作为绿色经济的旅游业为乡村发展带来了新契机,被认为是乡村振兴的核心动力。旅游型乡村的第一产业有所弱化或作为配角服务于第三产业,传统风貌、山水意象、历史文化是该类型乡村最具有特色的旅游资源。

④ 农业型乡村,指具有特定的自然景观和社会经济等条件,以农业为主导产业、以农民为核心主体的乡村。农业型乡村在我国数量最多,分布最广。无论是在数量还是在重要程度上,农业型乡村的营建问题最棘手、最具有普遍性。小农主体的"原子化"倾向更为突出,在面对资本的冲击时难以具有平等的地位与话语权。

(2)江南地区"农业型乡村"

"江南地区"的含义在古代文献中是变化多样的,是一个不断变化、具有伸缩性的地域概

---

① 徐丹华.小农现代转型背景下的"韧性乡村"认知框架和营建策略研究[D].杭州:浙江大学,2019.

② 林永新.乡村治理视角下半城镇化地区的农村工业化:基于珠三角、苏南、温州的比较研究[J].城市规划学刊,2015(3):101-110.

念,它既是一个自然地理区域,又是一个社会经济区域。江南地区包括:江苏省的南京、镇江、常州、苏州、无锡、太仓;安徽省的宣州、徽州、太平、宁国;浙江省的杭州、绍兴、宁波、嘉兴、湖州;上海地区。

在江南地区,山地、丘陵、盆地、平原等复杂地形地貌交错分布,所以总体呈现为细碎化状态;气候温暖湿润、四季分明,具备使各种作物和人类生存的条件。江南地区的水利工程修建很受重视,促进了农业发展,但是"人多地少"的特征也尤为突出,呈现为紧张的人地关系,属于"大国小农"国情,农情最典型的代表地区之一。

本书聚焦于江南地区农业型乡村。对于乡村人居环境,江南地区的乡村研究与实践一直较为领先,将江南地区农业型乡村作为乡村"社会、经济、环境"协同营建的研究对象,对其他地区具有一定的示范意义和参考价值。

3.2　传统乡村营建的特征解析

3.2.1　以农为本思想下的主体自组织状态

马克思主义对"小农户"的经典论断为:"'小农生产'是一种封闭的、落后的生产方式,必将消亡。"客观上来说,该观点是特定历史条件下的产物,是时空差异、概念差异、参照差异所导致的认知偏差。马克思、恩格斯所论述的小农,在空间上,主要是指法国、德国小农;在时间上,主要是指在法国大革命之后获得小块土地所有权的自由小农;在概念上,是指"生产者对劳动条件的所有权或占有权以及与此相适应的个体小生产",即"自耕农";在参照上,小农"落后性"的论断是不客观地将其与社会化大生产、资本主义工业化等"现代性"要素进行了参照[1]。在这些认知偏差下,"小农生产"的封闭与落后似乎是无法否认的事实,但是,恰当的论断方式,不是以今天衡量历史,也不是一切以时间、地点或条件为转移,而是将不同国家作为平等对象分别放置于特定历史条件下进行分析,这才是一种平等比较[2]。

小农概念在中国的内涵更广泛。在概念上,毛泽东将中国传统小农划分为自耕农、半自耕农、贫农等三种类型(图 3-1),不仅包括马克思主义小农定义下小块土地的所有者,还包括该土地的实际生产者、雇佣者,而且主要指后者;在参照上,无法否认的事实是,相比较于其他国家,中国这个"小农户"国家,创造了人类历史上最灿烂的农业文明。由此可得,1949 年之前的中国传统小农主体不仅不是封闭的、落后的,而且具有相当强的韧性与活力。这些传统小农的韧性与活力蕴藏于中国乡村长期形成的家户自组织机制中,主要表现在四个方面:① 弹性的家户产权;② 独立的家户经营;③ 整体的家户意识;④ 有效的家户治理[3](图 3-1)。

(1) 弹性的家户产权:整体一致性和个体积极性

传统中国,家户是最小但最稳定的产权单元。于外部,产权单元作为一个整体,具有清

---

① 黄振华.中国家户制传统与"小农户"的历史延续:兼对马克思主义有关小农论断的再认识[J].广西大学学报(哲学社会科学版),2019,41(6):63-69.

② 徐勇.历史延续性视角下的中国道路[J].中国社会科学,2016(7):4-25.

③ 徐勇.中国家户制传统与农村发展道路:以俄国、印度的村社传统为参照[J].中国社会科学,2013(8):102-123.

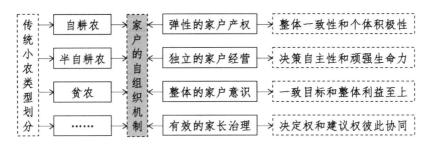

图 3-1　传统小农类型划分与家户的自组织机制示意图
(图片来源：作者绘制)

晰的、不可侵犯的边界，家户与家户之间、家户与村落之间，有物理性边界、心理性边界和社会性边界等发达的产权边界规则，家长对土地产权拥有充分的占有权和支配权，生产决策完全自主，不受外部任何干涉。于内部，产权单元具有较强的灵活性，尊重家户成员的个体性和差异性，如产权虽然为家户共同所有，使用权却不固定，具有一定的灵活性；再如嫁妆为媳妇个体支配，私房钱为个体或小家庭所有，个体额外劳动收入可以留存部分为个体或小家庭所有……总之，家户整体产权与家户个体产权相互补充，形成了中国独特的、弹性的家户产权结构，该产权结构不仅可以满足家户整体需要，同时还可以适应家户个体或小家庭需要，保证了个体或小家庭的积极性和自主性。

（2）独立的家户经营：决策自主性和顽强生命力

家户也是最基本的经营单元。"吃一锅饭"是确定家户作为独立生产单元的直接依据。在家户单元中，生产什么、如何生产都由家户自主决定，不需要征求四邻、宗族或官府的意见；在实际生产中，家户之间为了调剂劳动力和提高生产效率，普遍存在交换劳动力行为，虽然这种交换不需要花钱，但是你来我往的帮助却体现了家户之间的平等性和家户作为独立生产单元的特性；在部分地区，宗族组织发达，尽管家户属于某一宗族，家户与宗族之间的关系主要是血缘和社会之间的联系，组织具体生产的主体仍然是家户，甚至宗族内部不少比例的公共土地也仍然由独立家户进行耕作和经营。总体上，独立的家户经济地位赋予了传统小农更强的内在动力：第一，由于家户规模小，独立的经济单位能够使小农更灵活地适应实际生产的需要，可以根据经营条件的变化很快地进行调整；第二，即使遇到荒年，也能够自主离开躲避荒年，不会受到宗族或官府任何强制约束，落脚适合居住地点之后，一个家户重新开垦一块土地，就能够重新进行生产经营活动；第三，独立的家户经营塑造了传统小农自力更生的意识，形成了勤俭节约的习惯，赋予了家户顽强的生命力。

（3）整体的家户意识：一致目标和整体利益至上

家户不仅是生产单元和业缘单元，而且是生活单元和血缘单元。在家户共同体内部具有极强的家户意识，包括三个方面：① 自己人意识：与外人概念相对，自己人意识来源于血缘，成员之间血脉相连，血缘越近、意识越强；除血缘外，心理上的亲近感和认同感使成员彼此信任、相互扶持，赋予了家户更强的发展动力。② 家户至上意识：在家户整体与个体的关系上，家户的整体利益明显高于个体利益，每一个体都有义务为家户的整体利益服务，在个体利益与集体利益发生冲突时,必须先维护家户的整体形象。③ 发家致富意识:通过长辈的长期灌输,家户内部形成了共同发展的观念和目标,尽管不同地区"发家致富"的标准有差异,但是成员之间非常团结,在共同期望的灯塔下,团结一致的家户整体更可能取得成就。

(4) 有效的家长治理:决定权和建议权彼此协同

家长治理是家户延续和发展的重要保障。在家户生活中,一方面,家长对家户生活进行统筹管理和安排,权威地位无法辩驳;另一方面,治理权威很少出现专断性和任意性,权威行使过程中也会受到诸多限制。在权威结构上,不是某个家长的独立权威,而是夫妻共治、兄弟共治或父子共治等家长形式的组合权威;在权威责任上,权利与义务平等,一方面,家长具有决策权,另一方面,权威也需要为结果负责、为祖宗和后裔负责;在事务决策上,家长权威会在诸多事务上征求个体成员意见,尽管个体成员对事务不具有最终决策权,却具有广泛的建议权,会对家户决策产生重要影响,该规则最大限度地保护了每个小农个体成员的话语权。

综上,弹性的家户产权、独立的家户经营、整体的家户意识和有效的家长治理彰显了中国传统小农极强的韧性与活力,这也是小农主体能够长期延续至今的关键原因。1949 年之后,尽管以家户为基本单元的社会组织形式一度被人民公社所取代,后者的低效率却也恰好反面证明了家户的价值。20 世纪 80 年代之后,以家庭经营为核心的家庭联产承包责任制实施,进一步体现了家户尺度下小农的韧性与活力。因此,在历史的惯性下,以血缘关系为纽带的家户组织形式仍然在国家、市场、小农之间发挥着无法取代的作用。但是,尽管小农户的组织形式长期延续至今,当前小农户面临的内外部条件均已发生了剧烈变化,这些内外部条件对当前小农户如何存续和发展具有较强影响,需要重新梳理现代乡村营建所面临的新需求,提出能够适应新需求的新范式。

3.2.2 人多地少现实下的产业兼业化选择

传统自给自足时期,人多地少、精耕细作是江南地区农业基本经营格局。精耕细作的生产方式相对许多欧洲发达乡村具有更高的土地利用率[1],我国自耕农也具有更多的人身自由。

随着江南地区农业人口的增多和耕地的减少,尤其是江南地区的人地关系日趋紧张,劳动力过剩导致人均耕地面积只有 1.4 亩的中国出现了严重的"农业内卷化"问题[2][3],即农业发展到某一阶段达到一种确定形式之后,停滞不前或无法转化为另一种高级模式的经济现象,农业边际报酬收缩,投入与回报不成正比。于是,过剩劳动力开始被动谋求其他生活出路,这为乡村其他产业的发展提供了劳动人口,乡村工业的兴起就来源于此。当乡村工业的发展达到一定规模之后,产业兼业化成了农业人口追求更高社会劳动生产率的主动选择,尤其是当实施家庭联产承包责任制之后,在长江三角洲、珠江三角洲等乡村工业的发达地区,已基本消除了"纯农户",多数农户都处于兼业化状态[4]。

① 叶茂,兰鸥,柯文武.传统农业与现代化:传统农业与小农经济研究述评(上)[J].中国经济史研究,1993(3):107-122.

② 韩俊.我国农户兼业化问题探析[J].经济研究,1988,23(4):38-42.

③ 樊祥成.农业内卷化辨析[J].经济问题,2017(8):73-77.

④ 凌岩.农业兼业化现象透视[J].社会科学,1992(5):16-19.

（1）农户抵御农业系统性风险的多重产业雏形

在传统农户对休息时间偏好程度较低的情况下，休息时间的损失不会被视为一种高成本的机会代价；在沉重的租金、高昂的赋税和有限的人均耕地等现实条件下，农户通过单纯耕种获得的收益已难以维持生计。这些客观原因催化了农户兼业的可能性。

多重产业兼业的基本雏形是传统小农经济中的男耕女织。耕作之外，男人会兼业补贴家庭吃穿用度，女人会进行纺织手工业、商业等小型经营活动，兼业成为容纳过剩劳动力和农户增收的重要渠道。这些家庭产业兼业化选择主要以自给为导向，不以盈利为目标，却在一定程度上大力促进了乡村手工业经济的发展，并且在一定时期内形成了较大规模，其鼎盛时期甚至还挤压了部分城市手工业经济的市场①。

改革开放之后，男耕女织的产业兼业化传统对家庭、对乡村的优势被进一步发展，随着农业劳动生产率的不断提高、农业劳动力过剩程度的不断增加和受到人地关系紧张的长期限制，政府也鼓励农户在解决基本温饱问题之后正式开始多重经营，这些都促使劳动力先后在农业、家庭手工业、工商业、乡镇企业甚至城市就业，逐渐朝着能够得到更高收入的领域迁移，促使农村住户中的兼业户和非农业户比例不断增加②。

数据上，全国第一次农业普查资料显示（表3-1），1996年底，在全部农村住户中，农业户比例为90.47％，非农业户比例为9.53％；在农业户中，纯农业户比例为62.81％，农业兼业户比例为30.57％，非农业兼业户比例为6.62％。其中东部地区农业兼业户、非农业兼业户的比例之和高达44.76％③，尤其是在东部沿海经济发达地区，第二、三产业的收入甚至已成为农村住户最直接、最重要的经济来源④。

表3-1　1996年第一次全国农业普查农村住户的规模与结构表

年份	地区	农村住户为100％		农业户为100％		
		农业户	非农业户	纯农业户	农业兼业户	非农业兼业户
1996年	全部	90.47％	9.53％	62.81％	30.57％	6.62％
	东部	84.71％	15.29％	55.24％	34.90％	9.86％
	中部	94.53％	5.47％	66.70％	28.56％	4.74％
	西部	95.80％	4.20％	70.27％	26.01％	3.72％

（数据来源：国家统计局⑤）

（2）劳动力"转移半径小"条件下的口粮农业

产业兼业化逐渐成为乡村经济发展中一种具有普遍性的经济现象，但是鲜有农户彻底

①　赵冈，陈钟毅.中国土地制度史[M].北京：新星出版社，2006.
②　李文.新时期以来农户的兼业化发展及其原因分析[J].当代中国史研究，2013，20(2)：61-67.
③　国家统计局.第2号：农村生产经营单位的数量和结构[EB/OL].[2021-12-1].http://www.stats.gov.cn/tjsj/tjgb/nypcgb/qgnypcgb/200203/t20020331_30459.html.
④　韩俊.土地政策：从小规模均田制走向适度规模经营[J].调研世界，1998(5)：3-5.
⑤　同③.

放弃农业。传统乡村营建时期,由于交通条件的限制,劳动力转移半径小,小规模、不以盈利为导向的农业是传统小农户维持基本温饱的口粮。

一方面,继续经营农业的成本不高。当时,① 我国农业劳动力转移发生在城乡经济地域系统"封闭—半封闭"状态下,劳动力转移半径小,农业、兼业多数都在乡村社区内部发生和发展。② 乡村产业兼业化行业的供给尚未达到使农户家庭内部所有劳动力都可以充分就业的程度,客观上,传统农户家庭内部普遍都存在一些难以转移的劳动力,需要他们继续经营口粮维持生活。③ 继续经营农业需要占据部分家庭资金,但是农户经营的耕地面积普遍较小,资金需求量不多,尤其是对只耕作口粮农业的农户或资金较充裕的农户来说,这些农业经营资金不会成为农户继续经营口粮农业的阻碍。

另一方面,与继续经营农业相比较,放弃经营农业的成本可能更高。① 我国尚未建立有偿土地转包制度,若农户放弃土地,土地在未来投资和劳动下所增长的价值将不会得到合理补偿。② 口粮供给机制尚未完善,若农户放弃土地,则难以保障得到稳定的、价廉物美的农产品供给[1]。③ 我国乡村非农业产业尚处于粗放经营发展阶段,不仅面临材料供给、市场需求、企业技术、管理素质等多方面限制,而且还会受到来源于城市与乡村的同质化挑战。承担高风险的乡村非农业产业和尚未完善的非农业就业社会保障制度,使已得到一定非农业就业机会的农户不得不仍然继续经营农业,作为一种"就业保险"手段。

综上,江南地区乡村农户产业兼业化选择在以农为本、人多地少基础上扩大了农户的直接经济收入,也提高了农户家庭内部劳动力和劳动时间的利用价值。这个选择不仅抵御了传统农户家庭经营来源的系统性风险,而且保证了农户家庭劳动力就业的充分度和稳定性,使传统乡村在面临国家赋税、人口等压力时,能够发挥较强适应性,维持社会稳定。

3.2.3 自主互助营建下的空间共同体特征

自主互助营建一直是江南地区传统乡村最主要的营建方式,而且多数乡村至今一直延续以家庭为基本单元的营建模式(home construction)。家庭作为决策单元,主持、参与自有民居营建过程,也不排斥其他人员甚至欢迎专业人员共同参与。传统乡村营建在社会关系、经济制度、技术条件与选址基础等方面,或多或少都已发生了变化,但是乡村营建的自主互助模式以及与生活和生产保持密切联系的基本宗旨却一直延续至今[2]。

(1)以血缘关系为纽带的自主互助营建

乡村传统聚落空间主要由民居构成。民居的建造工作一般由家庭中的男家长主持,技术性要求高的工作由施工队完成,大量辅助性的劳动由家庭中的其他成员、亲戚或朋友完成。一方面,村民直接与工匠讨论与交流,在当前生活状态和未来生活预期的基础上,自主决定相关建造事宜,在工匠专业的建议与指导下,最大限度地保证村民对民居的有效需求;另一方面,村民全程参与自主营建,和工匠、亲戚共同解决在营建中遇到的问题和适应在营

---

① 韩俊.我国农户兼业化问题探析[J].经济研究,1988,23(4):38-42.

② 卢健松.自发性建造视野下建筑的地域性[D].北京:清华大学,2009.

建中变化的需求,使自主营建更贴近日常生活①(图 3-2)。

这种自主互助营建的方式,体现为对血缘关系的依赖,血缘关系所构成的差序格局②是促进自主互助营建的社会基础③。在社会关系网络差序格局中的位置不同,亲戚、朋友提供互助的程度也不同:关系越近,给予互助越多;不仅有劳动力上的帮忙,而且还有经济上的支持。新

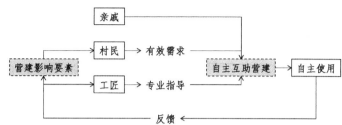

图 3-2　以血缘关系为纽带的自主互助营建过程图
(图片来源:作者绘制)

民居建造工作的完成并不意味着自主互助营建的结束,在自主使用过程中,村民对既有建筑和周边环境依然有不同程度的完善、修补、改建或加建的行为。相对于新民居建造工作,这些日常使用后完善工作规模小、难度低,村民自主性更高,也更需要亲戚、朋友互助营建。

此外,这种自主互助营建也是集体营建对宗族契约精神的体现。不仅彼此获得了免费劳动力,而且凝聚了村民集体,尤其是抛梁仪式,促使更多村民以观众的身份参与营建收尾过程中,让村民个体的营建活动升华为村民集体庆祝的社会事件。

(2)兼容生活与生产的空间共同体特征

营建过程的自主性与开放性影响了民居空间的特征:形式变化灵活,与生活、生产有密切联系。民居建筑空间是生活与生产的混合共同体,一个空间不仅为生活服务,而且为农业生产服务。民居中多数公共空间,如禾场、堂屋、厨房等,分别需要在不同时间、空间中承载不同生活、生产活动④(表 3-2)。

表 3-2　乡村民居不同空间功能特征表

空间	生活						生产	
	祭祀	烹饪	就餐	宴请	闲谈	休息	劳动	储藏
禾场	√		√	√			√	√
堂屋	√		√	√			√	√
厨房		√	√		√			
卧室					√	√		

(表格来源:作者绘制)

以江南地区乡村的三开间民居为例,堂屋是祭祀、就餐、宴请、劳动、储藏等生活、生产功能的混合空间共同体:由于处于居中位置,堂屋是沟通各个功能空间的枢纽;农忙时节,堂

①　许从宝,刘征宇,韩雪,等.回归乡村营建的自在:徽州传统民居自主营建过程及特征研究[J].华中建筑,2019,37(1):132-136.
②　差序格局发生在血缘关系、地缘关系等社会关系中,以自己为中心,像水波纹一样推开,愈推愈远、愈推愈薄,构成一个由生育和婚姻所构成的社会关系网络。该社会关系网络被费孝通称为差序格局。
③　费孝通.乡土中国[M].上海:上海人民出版社,2006.
④　卢健松.自发性建造视野下建筑的地域性[D].北京:清华大学,2009.

屋是堆放大型生产工具、临时存放农产品的场地；婚丧嫁娶，堂屋作为主要宴请场地，尺度受到酒席桌数的影响。禾场是堂屋室外空间的延伸与拓展，基本功能与堂屋一致；除烹任外，厨房是重要社交场所，日常闲谈、饮茶不在堂屋，而在厨房；由于三世同堂、四世同堂相对普遍，为避免相互打扰，卧室的设置相对独立，以堂屋为中心进行布置，却不作为单纯睡觉、休息场所，而是核心家庭全部起居生活所在。

村民会在自主互助营建、自主使用中不断调整、优化民居形式，使民居建筑空间对生活与生产方式进行响应，这种响应不是终极的、静态的，而是动态的。随着村民生活与生产方式的变化，兼容生活与生产活动的空间混合共同体也相应发生演进。

综上，自主互助营建下的空间共同体是传统乡村营建中的典型空间特征。自主互助营建的"自主"不是不受约束，而是在不受到外部"特定"指令约束的前提下，自行组织、自行演进的营建行为。虽然乡村聚落营建或民居营建不受到外部"特定"指令的约束，但是会受到地理气候、历史文化、宗教信仰、风俗习惯等相对宽泛形式的限制。

3.3　现代乡村营建的特征解析

3.3.1　多元主体角色构成

城乡要素加速交换趋势下，在主体上，江南地区现代乡村营建是多元主体共同参与的结果。随着乡村开放性和复杂性的提高，多元参与主体不仅包括长期生活在乡村的小农主体，还包括来源于城市却参与实际乡村营建的其他组织或团体，如地方政府、村集体/村两委、工商资本、社会精英等，他们在现代乡村营建过程中都具有自身不同的角色定位、核心特征和主要功能(表3-3)，发挥着自身的独特作用。

表3-3　乡村营建多元参与主体角色定位、核心特征和主要功能表

参与主体	角色定位	核心特征	主要功能
小农	生产/生活主体	主体性/群体性	建议/投资/执行/使用/受益
地方政府	决策者	权利增长/竞争激烈	空间规划/产业策划/价值引导
村集体/村两委	服务者	自治/管理属性	承上启下链接政府/小农
工商资本	利润创造者	追求利润最大化	充足资金/系统运营/专业人才
社会精英	技术协调者	专业追求/社会责任	提供专业技术/协调主体需求

(表格来源：作者绘制)

(1) 小农：生产和生活主体

作为江南地区乡村生产和生活主体的小农，是江南地区历史文化、宗教信仰、风俗习惯的生命载体，通过一定地缘、业缘、血缘关系聚集在一起。小农概念在时间、空间、价值、领域等不同维度具有不同定义。从地域营建的建筑学视角出发，小农定义为在一定地域范围取得居住权的人口，包括永久性居民和非永久性居民。小农主体在现代乡村营建中不止一种身份，他们既是营建前期策划的建议者，又是营建过程的投资者和执行者，还是乡村公共建筑或居住

建筑的主要使用者,更是营建结果的最终受益人①。同时,小农的"主体性"不仅体现在微观"个体性"上,而且体现在宏观"群体性"上,如小农主体构成的家庭农场、专业合作社、村集体/村两委等"群体性"组织。在浙江省丽水市遂昌县、湖州市吴兴区等地区,小农个体依靠交通条件的优势、互联网基础设施形成小农群体联盟,组织适度规模经营的家庭农场、专业合作社等小农"群体性"组织,如遂昌县古坪村专业合作社、湖州市埭溪镇璞心家庭农场(图3-3、图3-4)。家庭农场和专业合作社从小农真实需求和切身利益出发,将小农个体按适度规模组织起来,基于"群体性"特征为小农主体服务。随着现代乡村营建在地形地貌、社会、经济、环境等方面的综合影响下不断调整,小农主体的属性也趋于多元化。在现代乡村营建的动态演进过程中,应时刻关注与把握小农"主体性"的内容,并将其作为现代乡村营建的核心环节。

图3-3　农场小农主体"群体性"经营组织
(图片来源:农场摄制)

图3-4　农场小农主体"群体性"劳动过程
(图片来源:农场摄制)

(2)地方政府:引导者

现代乡村营建转型时期,地方政府的作用不仅是中央、省市政府的执行者和管理者,更是地方政策的制定者和决策者。随着中央、地方财政分权,各级地方政府对乡村营建政策的制定和决策拥有了更多话语权。在1994年"分税制财政管理体制"、2002年"所得税收入分享改革方案"促进下,经济有效增长,地方政府作为独立利益主体的特征更明显,但是地方政府之间的竞争也更激烈。

地方政府参与乡村营建的主要内容包括空间规划、产业策划和价值引导。空间规划是乡村营建的直接动力,可提前规划乡村未来理想的发展方向,也可提前规避乡村长期自主营建可能产生的问题,完善现代乡村营建的演进机制;产业策划是乡村营建的持续活力,"无农不稳、无工不富、无商不活、无才不兴②",因地制宜的产业策划和配套的招商引资是产业现代化在乡村市场化中的直接体现;价值引导是乡村营建的"序参量"之一,从"农业支持工业"到"工业反哺农业",再到"一二三产融合",从"一切以经济建设为中心"到"围绕生态文明建设",再到"生产生活生态文化助力乡村振兴",不同历史阶段的价值观不断在乡村营建中发挥潜移默化的作用。

① 　王韬.村民主体认知视角下乡村聚落营建的策略与方法研究[D].杭州:浙江大学,2014.
② 　费孝通,刘豪兴.江村经济(修订本)[M].上海:上海人民出版社,2013.

　　以课题组在浙江省德清县洛舍镇张陆湾村的营建研究为例。张陆湾村一直在地方政府的政策和决策下进行营建活动,整体空间结构呈现为自然、有机的格局,人居单元与地理单元高度契合(图3-5、图3-6)。2010年,原张家村和原陆家村合并形成张陆湾村。21世纪60至70年代,在村书记带领下,张陆湾村的干部、群众积极响应"农业学大寨"的号召,开展农田水利建设和土地整治改造运动,成了当时浙江省"农业学大寨"的标杆;并且遵循"以粮为纲,全面发展"的方针,开展聚落和民居改造运动,将木结构的民居统一改造为钢筋、水泥结构的民居,形成聚集式筒屋建筑风貌,为种粮需求释放土地,《人民日报》也报道和赞扬了陆家湾村连年增产增收的事迹①。在现代乡村营建转型新时期,筒屋的智慧未随着时代的变迁而暗淡(图3-7、图3-8),课题组与村书记商量之后,在筒屋基础上,以乡村产业升级为导向,摒弃大规模同步更新的方式,选择了小规模、分节点与微活化逐步更新的途径,实践了社会形态、经济形态与环境形态"三位一体、异质同构"的发展模式。

图3-5 张陆湾村筒屋聚集式整体形式航拍图
(图片来源:课题组摄制)

图3-6 张陆湾村筒屋总平面图与空间结构图
(图片来源:课题组绘制)

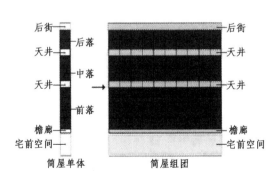

图3-7 张陆湾村筒屋单元平面图
(图片来源:课题组绘制)

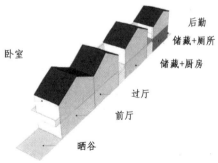

图3-8 张陆湾村筒屋基本空间格局图
(图片来源:课题组绘制)

---

　　① 王竹,郑媛,陈晨,等.筒屋式村落的微活化有机更新:以浙江德清张陆湾村为例[J].建筑学报,2016,(8):79-83.

（3）村集体/村两委：服务者

农村集体经济组织，简称村集体，是除国家外对土地拥有所有权的唯一组织，在行政村或自然村范围内，通过小农自愿联合构成，是组织成员从事生产活动的经营组织；村民委员会，简称村委会，是村民自我管理、自我教育、自我服务的基层群众性自治组织，在行政村范围内，由18周岁以上有选举权的村民选举产生，是涉及政治、经济、文化等方面事务的管理组织；村共产党支部委员会，简称村支部，职能是宣传共产党政策、帮助党的路线方针政策在基层落实与带领广大基层人民发家致富。村集体和村两委的目标殊途同归，其任务都是围绕乡村振兴的目标对乡村进行管理以及为小农提供服务。与政府不同的是，政府主要代表统治阶级的意志和宏观层面的公共利益，村集体和村两委则主要代表地方的局部利益，而且村集体和村两委不像政府一样拥有对空间、产业等资源进行自上而下支配的权利，这决定了两者在乡村营建过程中仅具有间接影响。村集体和村两委作为政府政策的传递者和执行者，又作为小农意志的代言人和服务者，在小农主体话语权被不断重视的今天，两者在乡村营建中的影响将日益显露。

（4）工商资本：利润创造者

工商资本是指企业从事工业或商业所获得的资本；企业是指以盈利为目的，为维护显在客户或吸引潜在用户，通过各种生产要素向市场提供消费者需要并有能力支付的商品或服务，实现自主经营、自负盈亏、独立核算的法人或其他社会经济组织。追求"利润最大化"是多数企业存在的理由，销售所得超过商品或服务所消耗成本，企业就有盈利，反之则亏损。为有足够利润维持长期生存，企业都擅长分析消费者需求，根据需求调整生产，也擅长把握潜在市场，获得发展机遇。此外，企业需要具有长期经营土地的实力、战略发展的眼光和承受长投资回报周期项目的耐心[①]。随着乡村土地制度、土地政策的改革，一些工商资本对乡村土地的自然资源、社会资源、文化资源与发展潜力已具有前瞻性的理解，在对国内外市场精准把握和分析的基础上，能够预判某投资方向是否具有潜在利润空间，如乡村旅游业、乡村康养服务业、现代化农业、优质农产品行业等。企业能够为乡村营建提供充足的资金、系统的运营以及专业的人才，在城乡资源交换日益开放的新时期，工商资本在乡村营建中的作用不可或缺。如中国首个田园综合体、首个田园主题旅游度假区无锡阳山田园东方，在工商资本支持下，不到五年的时间，不仅探索实现了项目的有效运转，还作为样本为其他五个城市支持建设的国家级田园综合体提供了示范。但是，无锡阳山田园东方项目规划总面积大，由东方园林产业集团投资50亿元建设完成，对江南地区数以千计的普通乡村、小微乡村不具有直接参考意义。适度规模的工商资本对现代乡村营建的积极意义不可否认，从可借鉴价值上考虑，与其将大量资金集中于个别大规模的田园综合体，不如分散扶持小微规模江南地区同样具有优美自然景观、便捷交通区位、丰富农业资源的乡村，这些小微乡村是中国乡村最具有普遍意义的大多数，分散但全面的乡村营建更符合国家乡村全面振兴的总要求。

---

① 孙佩文.基于多元主体"利益—平衡"机制的乡村营建模式与实践研究[D].杭州：浙江大学，2020.

（5）社会精英：协调者

现代乡村营建参与主体中的社会精英包括企业家、建筑师、学者、能人等群体,在城乡要素加速交换趋势下,各个不同领域的精英群体走到一起[①]。社会精英相对小农具有更广泛的社会关系网络,能够提供正式或非正式渠道来源的信息,为现代乡村营建降低市场信息不对等而可能引起的风险。其中,乡村能人未必是某领域科班出身的专家,却和其他社会精英一样具有一定开放性思维、社会关系和特殊才干,能够在乡村各类事务中发挥不可或缺的作用[②]。

如建筑师、规划师群体,凭借其专业技术协调现代乡村营建多元参与主体的利益诉求和技术需求。以同济大学李京生教授团队在浙江省湖州市吴兴区妙西镇西塞山廿舍自然种子营地项目为例,李京生教授带领多个设计机构、自然教育团队共同参与营建过程,依托各个团队的多学科学术背景和文旅产业实践经验,打造融合"农、旅、商、学、创、研、艺"七大功能的多元度假平台(图3-9、图3-10)。

图3-9　西塞山廿舍度假村

图3-10　立体种植架效果图

（图片来源:https://mp.weixin.qq.com/s/1QItxoDjRUj5bTl-InPQDg）

建筑师、规划师在融入乡村时,职能应发生相应转变,应清晰自身在乡村营建过程中的新定位,在认知、策略上,是专业的、技术的,在落实、执行中,是配角[③]。除本身是营建现代技术的专业者外,还是营建科学理念的引导者,更是各个利益主体沟通的协调者,在传统与现代、乡村与城市、技术与理念等可能发生需求冲突的场景,建筑师、规划师都能够发挥影响[④]。

3.3.2　多种产业发展类型

1982年至2018年,中央一号文件始终将产业发展作为乡村发展工作的重中之重(表3-4),针对产业链的改革逐年深化。2020年,乡村振兴"产业兴旺"追求的已不仅是简单的农业"产业化",而是产业的"百花齐放",融合多样特色产业。

① 乡村能人是指在乡村中有创业、营销或技术等方面能力的群体。
② 孙瑜.乡村自组织运作过程中能人现象研究[D].北京:清华大学,2014.
③ 王冬.乡村聚落的共同建造与建筑师的融入[J].时代建筑,2007(4):16-21.
④ 王韬.村民主体认知视角下乡村聚落营建的策略与方法研究[D].杭州:浙江大学,2014.

表 3-4　乡村产业改革发展表

时间	矛盾与成就	方法与措施	关注与强调
1982—1986 年	1. 农民收入增长速率远远超过城市 2. 世界 7% 耕地解决 22% 人口粮食 3. 乡镇企业为中国经济最活跃部分	1. 肯定家庭联产承包制模式 2. 深度实现社会生产力解放 3. 参与中国城市化、工业化	关注粮食数量,解决吃饭问题
2004—2008 年	1. 中国经济快速增长实现部分先富 2. 农民"吃饭易、看病难、读书难" 3. 城乡发展不平衡,城乡收入扩大	1. 城乡经济社会发展一体化 2. 提倡以工促农、以城带乡 3. 教育、医疗、文化、社保	从关注传统农业向发展现代农业转变,加强农业基础设施建设
2009—2010 年	1. 资源分配不均匀,经济形势严峻 2. 乡村营建活力提高,执政基础巩固	1. 增加种粮补贴、土地流转 2. 实施"一村一大学生"计划 3. "多予、少取、放活"政策	从鼓励自给自足向财政改革扶持转变
2011—2012 年	1. 旱涝频繁发生,水利等环节薄弱 2. 增加农业科技,保障农产品稳定	1. 增加水利建设投资与支持 2. 增强水利等薄弱环节建设 3. 严格管理水资源稳定制度	从农业自然生产向水利建设、科技创新转变
2013 年	1. 家庭农场概念第一次出现在文件 2. 基本经营制度优越性将充分发挥	鼓励土地向专业大户、家庭农场、农民合作社流转	意识到建设经营制度的重要性
2014 年	1. 探索如何建设新型经营制度问题 2. 探索如何解决资源环境约束问题 3. 探索如何满足粮食质量安全问题	1. 坚持农业基础地位不动摇 2. 安全、保护、土地、可持续、经营、金融、治理、一体化	从关注农业数量安全向质量安全转变,8 项措施
2015 年	农业生产成本增加,国际竞争增强	创新保护政策,增强竞争力	强调改革创新
2016 年	坚持实施"强农、惠农、富农"政策	建设新农村,巩固发展形势	奋斗全面小康
2017 年	1. 优化产业结构,拓展农业价值链 2. 夯实农村共享基础,激活内动力 3. 增强绿色生产方式,可持续发展	1. 农业"供给侧结构性改革" 2. "田园综合体"概念出现	从第一产业向融合第一、二、三产业转变,加快乡村现代化,建设现代化国家
2018 年	"实施乡村振兴战略的意义"被提出	1. 全面建设社会主义现代化 2. 全面实现人民共同富裕	

（表格来源：作者绘制①）

　　近年,中央一号文件要求乡村在具备传统农业生产功能外,还应同时发挥生态、文化、体验功能等潜力,实现乡村资源的混合和价值的综合。江南地区多个乡村已通过不同资源融合形式的尝试和产业链的纵向延伸、横向拓展,催化了多种有效的新型业态。

　　（1）乡村特色农业

　　特色农业是在特殊环境资源条件下具有特殊品质与特殊消费市场的特殊农业类型,是"天时地利人和"在农业生产上的反映,受到特殊环境的限制,一般不具有替代性与复制性。特色农业的"根"是特色地区的自然地理环境条件,它的"魂"是人无我有、人有我优②。若只

① 作者根据 1982 年至 2018 年中央一号文件归纳、整理、绘制。
② 朱启臻.关于乡村产业兴旺问题的探讨[J].行政管理改革,2018(8)：39-44.

是通过简单技术使"圆西瓜"成为"方西瓜",就不属于真正意义上的特色农业。特色农业一般质量高、规模小,具有市场优势和商品交换价值,能够促进小农差异化增收。特色农产品价格高,在经济水平相对发达的江南地区消费者却可以接受特色农产品的合理溢价,此外,在国际农产品竞争中,特色农产品的优势也更明显。发展小农为主体的小规模特色农业,符合江南地区紧张的人地关系和破碎的地形地貌等客观条件,是周边经济相对发达地区小农的理想选择。特色农业的生命性、季节性与周期性等特征决定了特色农业如同普通农业,市场反馈与相应结构调整具有延迟性。因此,我国"政府为主、市场为辅"的方针仍然是当前发展特色农业的底线。

（2）生态休闲产业

乡村生态休闲产业是第一产业和第三产业融合的产物,是为满足人类健康、休闲的需要而进行生态体验所构建的一种高层次、高品位、高质态产业,是人类生态环境物质文明和生态享受精神文明的结合,也是一种崭新生活方式和生活态度的反映。乡村生态休闲产业将生态环境资源转化为产业发展资源,主要活跃在生态优美、乡村污染少的地区,交通便捷、距离城市近,住宿、餐饮、娱乐、体验、学习等设施完善,具有旅游开发潜力。生态休闲产业具有促进城乡要素资源平等交换的价值,能够提高乡村要素的市场性和重要性,解决部分小农就业和增收的问题[1]。但是,发展生态休闲产业需要平衡短期利益和长期利益的关系[2],我国生态休闲产业处于初级发展阶段,当前仍然存在行业指导和规范不完善、地方政府与社会组织衔接不流畅、消费形式特色少、信息化与社会化服务落后等问题。

（3）乡村文化产业

乡村文化包括国家或民族的习俗、艺术、观念、行为等,作为抽象要素,一般通过环境、街巷、建筑、物件甚至居民生活状态、传统民俗活动等载体表现出来。在气候、地理等客观条件限制下,通过技艺、材料等地域性营建方式,形成特定文化产业风格。乡村文化产业及其产品凝聚了小农主体的创造性劳动,按照一定标准进行生产,具有一定商业价值,能够通过市场流通送达消费者手中。乡村文化产业作为乡村新型产业,涉及文化和经济两个领域,本质上属于从事文化产品生产和提供文化服务的经营性行业。因此,在追求经济效益的同时,文化产品和文化服务能够作为特殊精神文化产品得以传承,发挥社会效益,也能够促使小农和消费者对乡村自然资源和文化资源进行再认识,将环境保护意识内化为文化自信和文化自觉,发挥生态效益,帮助改善乡村人居环境[3]。

（4）农产品电商业

农产品电商业是在互联网开放环境下,买卖双方基于计算机、移动电话等网络设备,通过第三方平台(图 3-11)诞生的农产品交易的商业活动。有一些乡村成为淘宝村,专门从事电商业,具有地方特色的农产品在面对网络海量个性化需求时,释放了巨大潜力,成为我国乡村新经济现象。农产品电商业是互联网技术对农产品流通渠道进行改革下的新兴行业,

---

① 谭莹.农村生态休闲产业与我国城乡协调发展[J].现代经济探讨,2011(6):54-58.
② 陈蓬.关于我国生态休闲产业发展的思考[J].林业经济,2015,37(8):30-34.
③ 詹绍文,李恺.乡村文化产业发展:价值追求、现实困境与推进路径[J].中州学刊,2019(3):66-70.

是一种全新的产业和商业模式,也是促进当前农业发展、乡村繁荣、小农增收的现代化有效途径之一。信息时代的互联网、物联网等新型基础设施为已从乡村转移到城市的居民提供了一种能够凭借低成本、高效率的途径与乡村重新构建紧密联系的可能性。

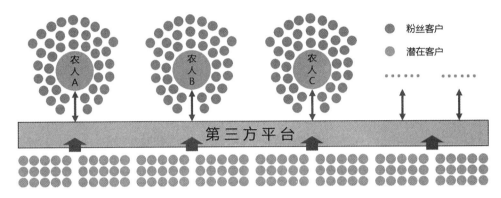

图 3-11　农产品电商业第三方平台原型模式图

(图片来源:作者绘制)

3.3.3　空间营建的两种方式

自主营建与统筹规划是一组相对概念,是乡村营建演进过程中的两种主要方式。这两种空间营建方式的不同表现形态,本质上是两种立场下主体认识和处理问题的位置和态度:评价标准不同,价值判断也不同。

(1)小农群体立场下的自主营建

自主营建的积极意义主要来源于小农群体对真实乡村生活的诠释与表达,虽然表现为一定非线性和无序性的特点,表现形式却极具生命力,能够准确地代表小农群体立场。从传统到现代,我国多数乡村在地理、气候、政治、经济、社会、文化等多要素共同作用下,通过自主营建,以自然演进的方式,形成了多样地域特征,如丽水乡村、苏州乡村截然不同。在现代乡村微观营建层面上,除受到小农群体真实需求的直接影响外,还受到本土生态环境、资源条件和经济水平的限制,促使现代乡村营建工作在材料的具体选择和施工的操作方式上,仍然表现出本土化和手工化的倾向,这在很大程度上节约了现代乡村营建的成本。

自主营建的演进方式在当前现代乡村营建中也有一些消极表现。乡村自然、稳定、显著的地域特征是需要复杂系统内部经历长期试错和修复才能够达到的状态。在相对封闭的模式中,环境本可以给予乡村复杂系统相对充足的时间去试错和修复,然而,在当前以快速营建为主旋律的时代背景下,自主营建的方式不可避免地表现为一定的滞后性,乡村复杂系统适应环境与发生进化的速度远小于系统接收外部环境新信息的速度,导致本来稳定的秩序逐渐失去平衡,进一步导致了土地使用浪费、不符合现代生活需求等现实问题的发生。

(2)精英联盟立场下的统筹规划

统筹规划在一定程度上弥补了自主营建的不足,使政治、经济、社会、文化与环境等多要素具有发展的有序性,也使乡村营建活动具有清晰的目标感。尽管在营建过程中也会考虑到小农群体,本质上依然是精英立场下对小农群体的统筹安排。

　　以地方政府、工商资本、社会精英为代表的精英立场下的乡村统筹规划,是乡村复杂系统外部力量对乡村发展进行干预的手段。在终极目标导向下,统筹规划在提高营建效率上发挥了一定积极作用,同时,工商资本的投入为基础设施、产业转型等提供了保证,使小农能够享受到文化娱乐等现代化成果,弱化了城乡二元认知下信息传播的不对等。社会精英的参与使城市现代化营建技术开始向乡村渗透,不仅保证了营建技艺的标准化和营建质量的稳定性,还通过主动式技术,改善了小农群体生活与生产的舒适度。然而,外部力量过度的介入也会产生消极影响,营建效率的提高必然导致考虑问题的不缜密,不胜枚举的破坏性营建方式已导致许多曾经地域特征显著的乡村失去个性,像城市复制品,如公共空间被停车场占据、生态景观面临严重退化等问题。由于对小农真实需求的理解偏颇和关心缺失,精英联盟将技术赋予小农群体生活、生产更多现代性、可能性的同时,也出现了供需不匹配等问题。如果只是将城市模式进行异地照搬照抄,必然使现代乡村营建失去灵魂。

3.4　乡村营建协同发展的需求

3.4.1　原子化小农主体遭遇话语权的危机

　　20世纪的市场经济以及家庭联产承包制的推行,动摇了农民一致行动的社会基础,农民日益原子化、松散化,农民之间的合作越来越困难,无法为共同利益形成有效合作,导致农民的市场竞争力下降。

　　在现代乡村营建中,由于部分强势主体能力、目标和行动的一致性,逐渐促进了以地方政府、工商资本和乡村权威为代表的精英集体话语权的强化,形成"精英联盟[①]"。

　　地方政府干部在3年至5年短暂任期和政绩压力下,倾向于和知识、技术等方面都具有较强实力的工商资本合作,一些企业家甚至成为政府较依赖的治理伙伴;工商资本更倾向将企业项目委托乡村权威完成,他们不仅具有相关经验和广泛人脉,在土地流传、生产经营环节也发挥着招募、监督和管理作用,当小农与资本发生利益冲突时,乡村权威更容易站在资本后台。因此,地方政府、工商资本和乡村权威三者之间具有资源互补的基础,总体利益一致。然而,在缺乏小农参与情况下,这很容易导致精英行为的越位。在精英集体互惠互利、相辅相成创造显著政绩、打造宣传名片的同时,小农个体、村集体却陷入了能力弱化、行动分散、无目标的困境(图3-12)。

　　不对等的话语权导致不对等的资源分配,"精英俘获[②]"现象层出不穷。在小农保守价值观和人口流失现实下,村集体组织和管理分散小农个体的难度也不断增加。由于村集体资产缺乏,无法代替小农支付组织化管理成本,集体经济合作组织的现实意义被弱化,进一步导致小农个体能力弱化,乡村核心主体也愈加松散化、原子化,需要被适度组织起来。

①　孙佩文.基于多元主体"利益一平衡"机制的乡村营建模式与实践研究[D].杭州:浙江大学,2020.
②　胡卫卫,于水.场域、权力与技术:农村政治生态优化的三重维度[J].河南社会科学,2019,27(11):58-64.

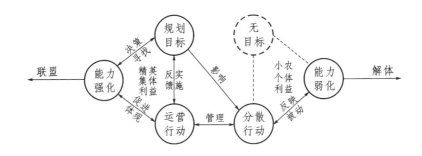

图 3-12   乡村营建主体利益碰撞解析图

(图片来源：孙佩文.基于多元主体"利益—平衡"机制的乡村营建模式与实践研究[D].杭州：浙江大学，2020.)

在乡村营建过程中，小农、地方政府、村集体/村两委、工商资本、社会精英等主体需求的差异性和协同性直接影响了营建结果的体现。精英主体作为乡村营建技术引导者、协调者，在乡村地域性普遍缺失的时代，不得不追溯历史寻求某种根基作为创作依据，但是，如果将此发展作为一种对传统的刻意表达，便容易陷入误区，甚至成为精英联盟情怀的自我主观表达。

一方面，小农主体与其他参与主体在营建认知方式上存在较大分歧，这使各个主体在融入乡村营建活动时必然形成相互制约的关系。小农虽然是乡村生活与生产的主体，但是他们的自我认知、营建目标却相对混沌；地方政府、村集体/村两委、工商资本、社会精英等营建主体虽然只是参与主体，但是他们的自我认知、营建目标却非常清晰（表 3-5）。对于这些拥有更多话语权的精英主体来说，应通过自身专业和资源优势，有意识地弱化与小农之间的差异性，强化合作的协同性和营建的综合性。尤其是建筑师、规划师等社会精英主体，由于职业的特殊性，能够直接参与和拍板乡村营建的方案，则更应在营建过程中，主动扮演梳理与协调这种兼具差异性和协同性的中间人角色，争取从相对客观的立场出发，重视小农主体的利益。

表 3-5   小农、地方政府、工商资本、建筑师在乡村营建中的差异性

	小农	地方政府	工商资本	建筑师
对乡村的态度	需要更新	需要扶持	需要赋能	需要保护
对场所的立场	服务生活/生产	完成国家任务	激活沉睡资本	有趣/体验/作品
对自身的认知	模糊	清晰	清晰	清晰
对空间的表达	随意/方便生活	根据指标完成	重视投入/产出	深思熟虑

(表格来源：作者绘制)

另一方面，尊重小农主体的现代乡村营建不是无条件满足小农主体的所有需求，而是以一种辩证的态度去思考和处理小农真实生活、政府业绩要求、资本追逐利益与设计主观理想的取舍关系，形成平衡各个主体需求的乡村营建。小农主体的权力、话语是现代乡村营建下不可或缺的维度主线[①],但是从全国乡村小农主体意识平均现状看,他们对乡村"综合体"的认知仍然处于较低水平,小农主体需求的重要性也未准确地体现在权力、话语表达上。因此,在明确协同营建乡村立场的基础上,精英主体应主动给予小农主体倾向性的支持,不过也应充分地肯定其他参与主体加入现代乡村营建的积极意义。客观分析小农主体生活、生产立场的需求和权益,重视现代乡村营建的协同营建机制,尽量消除其他参与主体的消极影响。

综上,现代乡村营建的最终结果是多元利益主体需求的综合平衡,既不是无条件满足小农主体的所有需求,也不是精英主观情怀的自我实现。

3.4.2　传统小微产业面临转型新趋势

当前我国97.10%的农业经营主体为小规模经营主体[②],家庭农场、农民合作社这两种小农组织化形式是小规模经营主体中的主要部分。19.18亿亩耕地能够容纳2 000个家庭农场,在我国未来很长时期内,户均几十亩的农户因其在社会结构上的重要性而成为"中坚农民"[③]。

在"离农化"影响下,以"代际分工、半工半耕"为基础的乡村出现了供给能力低、产品质量差等问题。江南地区传统小规模产业面临转型阻碍,同质化严重,融合优化程度低。

政府支持农业适度规模化,很多小农为形成较成熟产业链,大面积承包土地,却因为农业技术不成熟、不深谙市场规律等问题,只能够进行初级加工获得微薄利润。粗放的技术和激进的思想使乡村出现"家家点火、村村冒烟"现象,进一步加剧环境污染,粗放型经营企业污染整改成本也大幅度提高,随着土地、劳动力成本失去国际化优势,第二产业利润不断被压缩,产业引领作用弱化,甚至出现不同程度的倒退[④]。由于政策扶持,有部分乡村盲目将全部重心放在旅游业,却因为缺乏文化支撑、周边旅游业经营同质化等问题宣告失败,而乡村内部土地已遭受无法逆转的破坏,进一步影响农业收入,使其大幅度下降[⑤]。

"强政府—强资本—弱小农"的"外源式"经营,使多数小农的话语权、就业权被侵蚀,但是,"弱政府—弱资本—强小农"的"内源式"经营,也难免在小农"草根式"治理下,使乡村营建陷入同质化低端。因此,就当前我国乡村产业看,产业之间割裂严重(图3-13),尚未形成较成熟产业链,产业融合仅处于初级阶段,融合程度低。在江南地区,以农业为基底的乡村,如果农产品的质量不高、供应量不足,就难以形成适度规模的深度产业链和市场供应;以农副产品为依托的乡村,一般只有"种植—采摘—加工"的短产业链,深度加工、销售等较高利润的产业都是外包;以旅游业为主打的乡村,产业开发深度低、融合程度低、同质化严重,照

①　胡卫卫,杜焱强,于水.乡村柔性治理的三重维度:权力、话语与技术[J].学习与实践,2019(1):20-28.
②　徐丹华.小农现代转型背景下的"韧性乡村"认知框架和营建策略研究[D].杭州:浙江大学,2019.
③　贺雪峰.论中坚农民[J].南京农业大学学报(社会科学版),2015,15(4):1-6.
④　郭芸芸,杨久栋,曹斌.新中国成立以来我国乡村产业结构演进历程、特点、问题与对策[J].农业经济问题,2019,40(10):24-35.
⑤　周斌,张莘文.乡村振兴视域下产业深度融合的现存问题及优化路径:以乡村煤炭产业为例[J].西安科技大学学报,2020,40(3):534-541.

搬照抄、没有特色资源支撑地兜售小吃、纪念品,不仅没有推动本土经济发展,还破坏了初始资源结构或生态环境,使乡村发展更滞后。

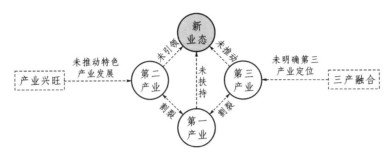

图 3-13　乡村各个产业彼此割裂示意图

(图片来源:孙佩文.基于多元主体"利益—平衡"机制的乡村营建模式与实践研究[D].杭州:浙江大学,2020.)

农业仍然占据江南地区宏观国计民生的基础地位,是二、三产业形成与发展的支撑。从宏观综合利润水平看,农业平均利润不高于二、三产业。随着江南地区中产阶级群体的扩大及其食品安全意识的增强,其对农产品的质量需求产生了分化,无公害、绿色、有机等生态种植农业相关农产品逐渐成为热点,农业局部利润可观。

反馈到农业本身,江南地区农业未来将出现小微型和规模型共存、质型导向和量型导向并重的发展趋势。

① 小微型和规模型共存:规模型农场面积为上千亩甚至上万亩,小微型是传统小农家庭或合作社承包的农场,一个家庭农场面积普遍在几亩至几百亩(表 3-6),合作社农场面积一般在上百亩至几百亩。

表 3-6　江南地区小微型农场与规模型农场面积定义表

农场规模类型	小微型农场	规模型农场
土地面积	≤1 000 亩	>1 000 亩

② 质型导向和量型导向并重:量型导向农业将解决量大、低价、质量底线保证的农产品供给,占据农产品消费市场总量的大部分,以降低成本、保证产能为目的;质型导向农业将提供附加利润率更高、数量有限、质量优异的中高端农产品,占据农产品消费市场总量的小部分。

两种趋势下各自的两种导向,可以交叉形成四种农业类型:"规模型＋量型"为企业型普通农场,"规模型＋质型"为企业型生态农场,"小微型＋量型"为小农型普通农业,"小微型＋质型"为小农型生态农业,亦可以称之为"小美农业"(图 3-14)。

小农基础上的"小美农业"也具有产业综合发展潜力。除绿色、健康的农产品外,还能够发展农户自制的第二产业和体验型第三产业。而"小美农业"的产业综合发展潜力也适宜在多丘陵地带、环境优美、自然资源丰富、农田细碎多样的江南地区推广与发展。

"小美产业"的农人主体主要包括未被城镇化的留守小农和被半城镇化的返乡农民工,尤其是年老的农民工,他们接受过城市化、工业化的洗礼,有一定文化,对现代信息社会有所了解,会使用现代化工具与人沟通,利于"小美产业"的社群构建。因此,"小美产业"是小农现代化、中国农业现代化的重要组成,能够使返乡中老年小农老有所依,也能够吸引部分年轻人返乡创业,通过城乡合作推进乡村永居。

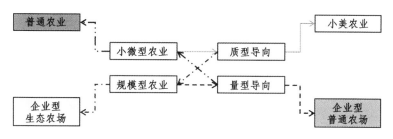

图 3-14　江南地区乡村四种农业类型
(图片来源:作者绘制)

3.4.3　乡村空间营建呈现碎片化结果

空间形态是乡村内在权力结构的外在表现特征,空间形态的碎片化结果主要是本地小农、地方政府、工商资本、村集体/村两委、消费者等主体对乡村空间功能和环境的差异化需求导致的。小农主体需要的是日常生活空间和生产空间,消费者需要的是异质旅游资源和舒适服务设施,两者的需求存在对立矛盾,缺乏综合协同组织。在"精英联盟"追名逐利目标的驱使下,往往按照消费逻辑,优先满足外地消费者的需求,搁置甚至牺牲本地小农主体的需求,小农主体的日常生活、生产空间让位于外地消费者的体验、景观空间[1],"反客为主"下的身份错位进一步导致空间错位。空间形态的碎片化结果使乡村资源价值在"他者"支配和消费主义下被提取为可识别的空间符号和可消费的旅游商品,定向地满足了外地消费者的高端化和个性化的需求,却也进一步刺激了空间的异化,挤压了小农主体生活和生产的空间,使小农日常生活、人文精神等都与空间形态发生剥离,如江南地区的古镇周庄、西塘、同里、南浔等,超过 85% 的生活和生产空间被转化为服务外地消费者的商业空间,昂贵的地价和物价令本地小农主体无所适从。

随着我国加入世界贸易组织(World Trade Organization)和市场资源的重新再分配,乡镇企业逐渐衰弱。与传统乡村散漫却不失秩序和地域特征的营建格局相比较,许多现代乡村呈现一种或刻板或混乱的脱离乡村真实日常生活、生产的空间形态[2]。在城市功利主义式"成功"所形成的"傲慢"营建过程中,乡村逐渐丧失了起码的自尊,"异化"与"同化"成为现代乡村营建的两种物质形态的裂变误区:不同程度的乡村特征缺失出现了营建的"同化"现象,相反,单纯的乡村意向塑造又导致了营建的"异化"结果。当前,大量不加分析的建筑形态被移植,或盲目照搬照抄城市的营建模式,或简单复制传统乡村的物质空间形态,使乡村

①　高慧智,张京祥,罗震东.复兴还是异化? 消费文化驱动下的大都市边缘乡村空间转型:对高淳国际慢城大山村的实证观察[J].国际城市规划,2014,29(1):68-73.
②　叶露,黄一如.资本动力视角下当代乡村营建中的设计介入研究[J].新建筑,2016(4):7-10.

呈现为一种"无构造①"繁杂状态，逐渐远离乡村本体性和地域性，甚至有部分正在进行中的新农村建设的明确口号就是"城市化"，并且将貌似接近成功、实际却消极模仿的城市作为范本（表3-7），使现代乡村营建更像是一场装饰化运动，导致乡村丧失了具有本体性与地域性的真实风貌。

表 3-7　乡村空间形态的"同化"与"异化"解析表

乡村空间形态"同化"与"异化"		现代乡村营建误区
		① 本体缺失 新元素与乡村本体性与地域性风马牛不相及，使乡村营建装饰化，丧失了真实风貌
		② 形态繁杂 为了显示财富，乡村建筑往往使用烦琐装饰，不同程度地使乡村建筑丧失了本体特征
		③ 尺度失衡 在过去一些较大规模新农村建设中，粗放模仿城市格局，使部分乡村建筑丧失了人性化尺度

（表格来源：作者绘制）

对乡村的不同态度决定着乡村的不同意义。对于乡村营建决策者来说，将乡村视为一种有机发展的共同体，还是视为一种实现部分利益相关主体政治、经济意愿的工具，将直接导致营建的不同结果。传统风貌的形成是主体认知②和地域要素彼此适应、自然进化的结果，不仅客观体现了乡村营建主体的需求，而且承载了地域的场所精神和环境基因。

然而，在当前利益或业绩的驱使下，这些地域特征却成了部分乡村营建快速攫取利益以及符号化复制或消费的捷径。一部分，过度关注所谓地域特征，甚至只装饰容易有效果、最明显的位置，如粉饰沿街墙面遮羞墙（图3-15）、设置大广场（图3-16），极端演绎面子工程，都只是满足少数利益主体的意愿。另一部分，尽管已不再将视野局限于形象工程，更重视产业发展，却也不可避免地进行"大跃进"式的发展，如急功近利进行工业化生产，破坏了传统乡村风貌，甚至导致环境污染不可逆转；再如盲目效仿一些乡村发展旅游业，却未领悟精髓，

---

① 梁漱溟.乡村建设理论[M].上海：上海世纪出版集团,2005.
② 王韬.村民主体认知视角下乡村聚落营建的策略与方法研究[D].杭州：浙江大学,2014.

甚至还在营建过程中削弱了本来发展第一、二产业的优势条件,使产业之间割裂更严重,反而令小农主体陷入了新困境。

图 3-15　某乡村建筑遮羞墙

（图片来源：王韬.村民主体认知视角下乡村聚落营建的策略与方法研究[D].杭州：浙江大学,2014.）

图 3-16　某乡村大广场

（图片来源：网络）

现代乡村营建的过程不是一蹴而就的胜利,需要适当减缓速度,尽量减少主体利益不平衡、产业彼此割裂、空间符号化复制等不协同所导致的副作用,使乡村复杂系统作为一个主体要素、产业要素、空间要素能够彼此包容的"共同体"进行振兴营建,而不是作为少数精英联盟群体进行政治、经济运动的试验场所。

3.4.4　"小微田园综合体"概念的提出

江南地区农业型乡村营建在诸多方面均体现"小微"特征：在地形地貌上,江南地区多平原、多丘陵、多水的特征使乡村营建的"下垫面①"呈现为丰富、细碎的形态；在社会主体上,"大国小农"的现实和人地关系的紧张在江南地区尤为突出,户均耕地面积不足 10 亩②,小农分散经营,生产效率低,抵抗灾害能力弱,完全或主要依靠自身劳动来满足自身消费；在产业经济上,江南地区乡村具有"小而美"的基因,产业以质量型为导向,一直保持精耕细作的传统和兼业化的习惯,由于交通发达,江南地区乡村在直辖市、省会城市和中心地级市的带动下,经济发展在全国处于领先位置；在空间环境上,由于自然环境的细碎化、城乡要素的流动性、社会制度的变化性,小农、政府、集体、资本对江南地区乡村营建不统一的认知和要求也导致了营建结果的碎片化。基于此,江南地区乡村在诸多方面既有"小微"的特征,又有被组织、被综合的需求。

结合乡村振兴战略、田园综合体建设的内涵,江南地区乡村的"小微"特征和被组织、被综合的需求完全符合两份文件的主旨。乡村振兴战略统筹考虑"农业、农村、农民",关注"原子化"小农的庞大群体和适度组织化发展；田园综合体建设则"支持有条件的乡村建设以农

① 贺勇,王竹.柔性下垫面塑造的基本原理与方法[J].建筑学报,2005(1)：56-58.
② 贺雪峰.关于实施乡村振兴战略的几个问题[J].南京农业大学学报(社会科学版),2018,18(3)：19-26.

民合作社为主要载体,让农民充分参与和受益,集循环农业、创意农业、农事体验于一体"。当前,普通田园综合体试点的规模、投入庞大,一般涵盖多个自然村,平均规划面积超过40 560亩,平均投入超过29.32亿元,而一个省份一般仅涉及1至2个试点,资源较集中,缺乏推广的普适性。若将江南地区乡村营建的"小微"特征、乡村振兴战略的目标和田园综合体的内涵结合,将在很大程度上降低营建的门槛和成本,使更多小农主体能够参与和受益,也使营建模式更具有推广的普适性。

此外,基于当前乡村"社会、经济、环境"协同不足的现状,我们应该把协同学作为思考江南地区乡村营建问题的主要原理,通过一个科学方法或一个科学原理去综合把握研究对象,这是因为协同学原理为我们提供了一个包括复杂系统内部要素、关系、功能、结构与外部整体的方法,使我们能够在遵循乡村基本演进规律的前提下,考虑江南地区乡村营建如何协同、综合营建等特征,明确当前阶段江南地区乡村营建的适宜性途径,提出适宜性策略。

综上,在乡村振兴战略、"大国小农"、"人多地少"、"破碎地形地貌"等背景下,针对江南地区乡村营建地形地貌、社会主体、产业经济、空间环境等诸多方面的"小微"特征,结合"田园综合体"的内涵和目标,将家庭农场、农民合作社等适度组织化经营主体所在人居环境作为研究对象,提出"小微田园综合体(Small and Micro Pastoral Complex)"的概念,根据控制论视角下的系统论、自组织与他组织的协同学等原理与方法,进一步诠释"小微田园综合体"的概念(图3-17)。

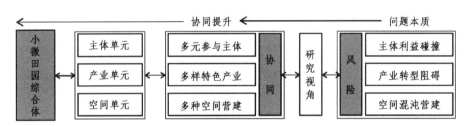

图 3-17　"小微田园综合体"的概念示意图

(图片来源:作者绘制)

3.5　本章小结

本章节完成从乡村营建的要素特征解析到乡村复杂系统的协同状态认知,再到"小微田园综合体"概念的由来与建立等推导步骤的转化。

首先,现代乡村营建的多元参与主体共同影响着乡村营建的结果,乡村振兴战略下多样特色产业夯实了乡村持续经营的基础,自主营建与统筹规划作为乡村营建的两种空间营建方式,各有利弊,两者具有存在的共生性与转化的可能性。

其次,乡村在漫长演进过程中,"主体、产业、空间"属性的内容不断从简单到复杂,乡村的整体状态逐渐从混沌到有序,营建也开始从自主到统筹发生转化。实际上,转化的本质也体现了小农主体与其他主体之间力量的博弈。城乡要素快速交换背景下,尽管精英主体使小农主体处于相对弱势的地位,但也无法忽略"他组织"在现代乡村营建过程中的重要性。

在原子化小农主体遭遇话语权的危机、传统小微产业面临转型新趋势、乡村空间营建呈现碎片化结果等乡村营建协同缺失的风险下，本章节明确了乡村"主体、产业、空间"协同营建的立场：对乡村的态度：是要素平衡的共同载体，而不是政治、经济运动的试验场所；对营建的立场：是主体需求的综合体现，而不是精英联盟的自我实现。

最后，针对江南地区乡村地形地貌细碎化、营建主体原子化、营建要素复杂化、营建结果松散化等"小微"特征，提出了与之适应的"小微田园综合体"概念。

4 江南地区乡村"小微田园综合体"的认知框架

4.1 "小微田园综合体"的营建特征

4.1.1 小微规模的独立性和灵活性

（1）独立性

"小微田园综合体"作为江南地区乡村的营建"单元"，具有独立、不可再分等"单元"属性。在"单元"边界外，共同抵御或适应外部环境干扰；在"单元"边界内，能够独立协调"主体、产业、空间"三种属性的协同发展。

"小微田园综合体"中的"主体、产业、空间"三种营建属性之间，既有彼此独立的部分，又有相互依赖的部分。

主体属性上，家庭农场、农民合作社等小农组织化主体，一方面，与小农利益联系紧密，另一方面，又具有独立经济法人地位和独立决策权；产业属性上，家庭农场、农民合作社等所对应的土地具有明确边界，产业单元不是以传统行政区划作为产业边界切分依据，而是以主体对应承包土地作为产业边界切分依据，使"小微田园综合体"的产业单元和主体单元形成"垂直耦合"的人地关系；同理，空间属性上，与小农组织化相对应的主体单元、产业单元等共同形成了"主体、产业、空间"三者"相互耦合"的空间单元，避免了传统行政区划切分下"主体、产业、空间"单元由于边界不同所可能引起的矛盾①，也避免了三种单元彼此的作用力因为受到行政区划的割裂性冲突而降低，统一了"社会、经济、环境"三者的边界，为"小微田园综合体"的协同营建奠定了基础。

然而，独立性不意味着"小微田园综合体"完全封闭。其边界如同生物系统中的"细胞膜"，即使"小微田园综合体"与外部环境之间具有相对独立性，其也具有一定渗透性，要素、能量、信息可以相互流动。本质上，"小微田园综合体"是既独立又开放的复杂系统。

（2）灵活性

"小微田园综合体"不仅土地规模小，而且"主体、产业、空间"边界又是"垂直耦合"的关系，这使得"小微田园综合体"在营建过程中遇到任何调整都具有优越于大型"田园综合体"的灵活性。

在主体属性的灵活性上，小农组织化主体既能够彰显小农主体地位，又较小农个体具有

---

① 贺勇.适宜性人居环境研究："基本人居生态单元"的概念与方法[D].杭州：浙江大学,2004.

更多管理统筹功能,能够作为一个既灵活又完整的主体去落实相应的营建策略。在"小微田园综合体"这个复杂系统中,小农主体作为"小微田园综合体"营建的主要动力,具有自主学习和适应的能力。因此,在营建过程中,也应尽量积极引导小农发挥主体作用,从过去的命令小农、控制小农到现在的引导小农自主学习、灵活适应,鼓励和培育小农的创新和学习能力,发挥其自组织和适应营建行动的灵活性。当遇到反馈时,由于"小微田园综合体"规模小,能够快速反应,及时调整营建方向与营建方法。

在系统的灵活性上,"小微田园综合体"与外部环境之间要素、能量、信息的流动与渗透较频繁,在其开放状态下,外部环境的不确定性也在不断加强。大型"田园综合体"终极"蓝图"式的规划方法容易导致其缺乏足够的灵活性以应对外部环境的变化。"小微田园综合体"能够通过多元化与灵活性的营建策略,在外部环境发生变化时,不断以问题为导向,对营建策略进行因地制宜、因时制宜的动态性、适应性调整[1],发挥"小微田园综合体"灵活性与快速反应能力等优势。

4.1.2 小微单元的低成本和普适性

社会学家费孝通在《乡土中国》中提出了"熟人社会"的概念,即"小圈子"社会,认为"熟人社会"内部的言行制约力、传播力强于陌生人群体,很强调中国传统社会的"人和"。

"小微田园综合体"的载体是家庭农场、农民合作社等,是典型的"熟人社会",彼此之间甚至还有或近或远的血缘关系。"熟人社会"的优势反映在"小微田园综合体"的营建过程中,能够大量降低主体之间的沟通成本,还可以内部消化大部分产业发展的监督、追溯、检测、营销等成本,大幅度提高"小微田园综合体"的运维效率。

"小微田园综合体"的体量对小农组织化来说,在资金、设备、技术等方面均具有低门槛、易转型等优势,传统小农主体能够通过熟悉经营方式实现转型,简单、有效地介入"小微田园综合体"的产业营建过程中。由于"小微田园综合体"在资金、设备、技术等方面不过分依赖外部输入,因此小农也始终能够在营建过程中掌握话语权。

"小微田园综合体"活力的维持,不仅需要具有能够掌握话语权、输出高质量产品的供应端,还需要具有消费能力强、黏性高的消费端。基于"小美农业"的经验,一个能够较好维持日常社群关系的消费端成员规模大约在50人到100人,这个规模能够实现供应端较多收入的增长,也能够给予消费者较好服务的体验,"供应端—村民"和"消费端—市民"共同构成"新熟人社群",村民是"新熟人社群"的轴心成员,市民则是"新熟人社群"的参与成员。

正是"小微田园综合体"的低成本、低门槛、易转型等特点,使其进一步具有了普适性的优势。一般的"田园综合体"在资金、设备、技术、人才等方面的过度集中,使自身条件不那么优越的普通农业型乡村失去了得到这些资源的机会。由于资源有限,每个省份通常只能够支撑1至2个这种量级的"田园综合体",对实现乡村全面振兴的目标来说,不具有可复制性。"小微田园综合体"则提供了一种具有可复制性的普适性模式,使普通农业型乡村也能够在资金、设备、技术、土地等条件不那么优越的情况下,仍然具有进行较强内生营建的可能

性,对乡村全面振兴的目标来说,该模式具有更强精准性。

4.2 "小微田园综合体"的营建机制

"小微田园综合体"是开放系统。它始终与外部环境有要素、能量、信息的交换。协同理论对"小微田园综合体"的主要应用是,当它远离平衡态时,如何在与外部环境有交换的情况下,通过协同机制,使它自发形成"时间、空间、功能"上的有序结构。

"小微田园综合体"是复杂系统,它涉及诸多维度、属性及其非线性关系。简单系统的协同可以通过线性方法获得最优方案,但是,若希望通过线性方法分析"小微田园综合体"并获得最优策略,技术上不可取。乡村营建中的部分问题已尝试通过线性方法分析,如民宿产业驱动下的乡村聚落重构问题①、主体功能定位下的乡村空间分异问题②等,但是线性方法不足以支撑江南地区乡村"小微田园综合体"的整体协同机制。在"小微田园综合体"的整体营建过程中,局部的"次优"可能是整体的"最优"③。"小微田园综合体"的协同营建追求的不是局部的"最优"方案,也不是静态的完成度,而是通过动态的视野、整体的方法去适应"小微田园综合体"持续、健康发展的可能性。

4.2.1 营建过程从"短程通讯"到"宏观涌现"

"小微田园综合体"的整体协同营建,是自组织与他组织共同作用下更新与发展的目标。因此,它需要同时遵循两者的规律特性:"短程通讯"与"宏观涌现"。

（1）信息共享下的"短程通讯"

"短程通讯"是师汉民先生对自组织系统要素或单元特征的经典描述④,他精准总结了要素或单元的行为决策具有微观性和局限性。即使在信息共享的前提下,局部的空间单元不了解系统整体的运行状况,也难以预测空间单元聚集起来具体将会产生何种规模效应,空间单元一般多与短程范围之内或相邻的空间单元有相互模仿、彼此借鉴的关系。空间单元之间的通讯距离相对单元与整体系统的通讯距离尺度小得多,空间单元能够获得的整体信息一般不完整⑤,多参考相近邻里范围之内的空间单元的营建行为,这种特性被称为"短程通讯"。

在"小微田园综合体"的空间营建中,将"短程通讯"与"信息共享"的概念对照起来理解更清晰:

① "短程通讯",指"小微田园综合体"的空间单元主要对本体与本体周边信息发生反

---

① 陈晨,耿佳,陈旭.民宿产业驱动的乡村聚落重构及规划启示:对莫干山镇劳岭村的案例研究[J].城市规划学刊,2019(S1):67-75.

② 蒋亮,罗静,张春燕,等.基于主体功能定位的湖北省县域乡村性空间分异研究[J].中国农业资源与区划,2020,41(8):58-66.

③ 王竹,傅嘉言,钱振澜,等.走近"乡建真实"从建造本体走向营建本体[J].时代建筑,2019(1):6-13.

④ 师汉民.从"他组织"走向自组织:关于制造哲理的沉思[J].中国机械工程,2000,11(S1):80-85.

⑤ 卢健松.自发性建造视野下建筑的地域性[D].北京:清华大学,2009.

应,每个单元在决定下一步策略与行为时,除评估本体的状态外,还会参考邻里空间单元的状态。每个空间单元的营建都是以家庭自身的经济、人口、生活习惯或审美情趣作为依据,同时受到地形、资源、邻里关系的影响,自主决定空间单元的布局、形状、高度或色彩。尽管不同家庭会模仿、借鉴彼此的空间形态,却不会有长期、共同、整体的营建目标。

② "信息共享",指每个空间单元都掌握全部、完整的系统游戏规则或行为标准,这部分信息相当于生物细胞 DNA 中的遗传信息,为所有细胞共享,是每个空间单元进行"微观决策"的前提。在同个"小微田园综合体"中,每个空间单元公平地受到同样气候、地形、宏观经济、地域文化、技术条件的制约,但是每个空间单元可以各自为政、独立决策,在营建时间上也没有既定的先后顺序。

在"小微田园综合体"自组织部分的规律特性上,"信息共享"诠释了环境作为一个整体对系统内部不同空间个体的统一作用,造就了空间群体的统一性与地域性,使诸多独立营建的空间单元具有可以参考的原型。"短程通讯"则描述了不同空间单元之间的竞争与协同,空间单元在诸多具体方案上的微观差异性也会造就空间单元的多样性。

由此可得,尽管空间单元受到同样气候、地形、宏观经济、地域文化、技术条件的制约,但是空间单元个体具体形成的结果仍然充满偶然性与随机性。认识到乡村营建的这个特性,能够明确空间单元创造在客观条件下的积极性,对于他组织手段在"小微田园综合体"整体协同过程中的介入强度与介入时间点具有参考意义。

(2) 微观冲突下的"宏观涌现"

涌现这么复杂的问题,不可能只服从一种简单的定义,也无法提供这样的定义①。它可以被理解为微观积累下的宏观系统发生结构或模式的变化②,而微观积累作用却仅依靠微弱信息甚至痕迹,系统的单体部分仅通过局部信息与一般规则运行。它是广泛分布于各个领域的一种现象,尽管没有明确定义,却可以通过特征进一步理解,窥探内涵:

① 简单规则产生复杂结果。在涌现结果的形成过程中,尽管规则本身不会改变,规则所决定的事物却会变化,少数简单规则就能够促使系统形成大量新结构与新模式。

② 整体大于各个部分之和。涌现是要素或单元在简单规则下的彼此适应,相互适应具有耦合的特征,这使"小微田园综合体"的整体特征大于各个部分特征之和。系统整体具有个体不具有的性质,但是,这种性质又与大量个体单独行为紧密联系。个体的能力有局限性,整体的能力却超越个体的能力范畴。

空间单元之间的"短程通讯"与乡村社会中的"差序格局"说明农人主体一般仅与圈层最邻近的空间单元发生最紧密的联系,它们之间相互影响的程度与密度也最大。但是,这些具有微观性的营建活动或生活行为,在时间的积累中,也会使"小微田园综合体"逐渐"宏观涌现",成为具有整体性的空间形态。

"小微田园综合体"的"宏观涌现"是内外驱动力共同影响下的结果。"主体、产业、空间"等单元具有学习、适应和反馈的能力,它们之间的关系比单元本身更复杂,"宏观涌现"的结

---

① 霍兰.涌现:从混沌到有序[M].上海:上海世纪出版集团,2006.
② 王韬.村民主体认知视角下乡村聚落营建的策略与方法研究[D].杭州:浙江大学,2014.

果也更复杂、更综合①。

因此,个体与整体有冲突与包容的双重关系。一方面,尽管个体营建的效应本身可能微不足道,但是微观凝聚涌现出来的宏观特征不容小觑,其中蕴藏着对营建活动或生活行为最真实的理解;另一方面,空间形态中无关紧要的材料、色彩、装饰等做法冲突,尽管还是会出现个体的标新立异或刻意的独树一帜,但却由于传播半径的局限性,个体变化仍然会被淹没在乡村的空间整体变化中。

在"微观冲突"下的"宏观涌现"中:① 冲突有消极意义。邻近住宅的高低进退被视为对自身的不利条件,相互攀比导致资源内卷化。尽管规划师、建筑师无法精准地预测乡村协同营建的终极形态,但是如果乡村营建的决策者不能够正确地预判初期介入的微观营建手段是否具有引起"宏观涌现"的强影响力,将可能导致后期营建资源反复消耗。② 冲突也有积极意义。各个主体为解决冲突,会寻找能够改变既有现状的途径,促进革故鼎新的营建策略诞生并且更容易被大众所接受。在冲突下实现包容的前提是分歧的微观性与接受的普遍性,这就要求乡村营建的决策者能够统筹各个主体的需求与观点、权衡核心主体对介入手段的接受度,将它们也作为要素融合于乡村既有"社会、经济、环境"的认知结构中进行考虑,将冲突维持在较低的水平,这样能够避免复杂系统的"排异"反应,使乡村"小微田园综合体"在冲突与包容下实现永续发展。

4.2.2 共时性与历时性动态化协同

在语言学中,共时性与历时性是语言研究的两个不同时间维度②。将它们延伸到乡村协同营建的领域:共时性协同是横向的,研究的是乡村营建在同个时期所表现出来的营建特点和逻辑关系,甚至跨越不同空间类型,使营建特点与逻辑关系能够在持续发展中得到新成果;历时性协同是纵向的,强调的是在历史长河中所表现出来的营建变化及其与其他时期的营建异同。

(1)共时性协同

尽管在乡村营建中,每个空间单元仅对自身具有微观决策权,但是由于同一个时期具有相似的气候、地理等条件,整体表现为相似的材料选择、门窗样式、屋顶形式③、功能模式甚至相似的聚落布局。

以杭州市萧山区南沙地区为例。南阳镇的 A 村(图 4-1)、义蓬镇的 B 村(图 4-2)、瓜沥镇的 C 村(图 4-3)几乎在同个时期营建,它们的宅基地均沿着既有运河或沟渠排列,呈现相似的围合结构与整体布局。除相似的自然环境外,相似的主体认知、产业类型、文化观念都会对乡村空间的共时性协同产生一定影响。

① 仲利强,王宇洁,王竹.涌现秩序与乡村形态演化机理[J].新建筑,2017(3):84-87.

② de Saussure Ferdinand. Course in general linguistics:Translated by wade baskin. edited by perry meisel and haun saussy[M]. Cambridge:Columbia University Press,2011.

③ 王韬.村民主体认知视角下乡村聚落营建的策略与方法研究[D].杭州:浙江大学,2014.

图 4-1　南阳镇 A 村　　　　　图 4-2　义蓬镇 B 村　　　　　图 4-3　瓜沥镇 C 村

（图片来源：段威.浙江萧山南沙地区当代乡土住宅的历史、形式和模式研究[D].北京：清华大学,2013.）

（2）历时性协同

　　共时性协同保证了同个时期乡村空间营建结果的相似性，然而，在历史长河下，多个时期营建变化与异同的积累，在材料选择、色彩搭配、门窗样式等外在差异性上，乡村空间营建结果也存在一定延续性，此为历时性协同。

　　仍然以杭州市萧山区南沙地区为例。分别选择 1980 年之前、1980—1990 年、1990—2000 年、2000—2010 年、2010 年之后五个不同时期的房屋样本，编号 a、b、c、d、e（图 4-4）。

a) 1980 年之前　　　b) 1980—1990 年　　　c) 1990—2000 年　　　d) 2000—2010 年　　　e) 2010 年之后

图 4-4　杭州市南沙地区民居样本

（图片来源：段威.浙江萧山南沙地区当代乡土住宅的历史、形式和模式研究[D].北京：清华大学,2013.）

　　一方面，随着年代变迁，五个不同时期的房屋样本明显地呈现了乡村民居的差异性，尤其是在材料选择、门窗选择、墙面做法、屋顶形式等方面。其中，样本 c 处于我国经济高速发展时期，建筑形态变迁最为明显。在墙面做法上，从样本 a、b 的涂料做法进化到样本 c、d、e 的面砖做法；在材料选择上，从样本 a、b 的暗色、粗犷发展为样本 c、d、e 的亮色、精致，装饰性逐渐增强。

　　另一方面，尽管材料选择、墙面做法等外在形态发生了变迁，但是内在原型仍然存在。五个不同时期的房屋样本原型均为三至五开间，尽管产业类型不同，但是扩建均为"新旧共生"型（图 4-5）。相对同个时期，不同时期的原型显得更隐蔽，反映的是历时性协同。

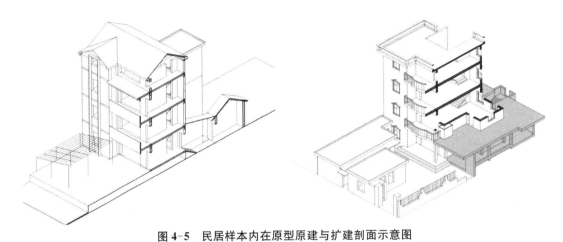

图 4-5 民居样本内在原型原建与扩建剖面示意图

(图片来源：段威.浙江萧山南沙地区当代乡土住宅的历史、形式和模式研究[D].北京：清华大学，2013.)

4.3 "小微田园综合体"的营建模式

4.3.1 营建主体的竞争与合作

随着城乡之间的要素流动，"小微田园综合体"多元营建主体之间不仅存在竞争关系，而且存在合作关系。

竞争是某个体或群体竭力战胜其他个体或群体的行为。在食物、能源、信息与空间等资源有限的情况下，共同存在于一个系统、一个层次的要素就会发生竞争。如生态学家在研究小草履虫与大草履虫的竞争机制中发现：单独培养时，小草履虫生长快；共同培养时，小草履虫仍然占据优势，大草履虫则死亡、消失。同理，乡村"小微田园综合体"的多元营建主体之间也存在竞争，尤其是处于弱势地位的小农主体与地方政府、工商资本之间存在土地使用权、主体话语权等方面的竞争与博弈。

"小微田园综合体"在营建过程中，"主体、产业、空间"的因素时刻受到系统外部环境的信息扰动。这些信息的渗透是塑造"小微田园综合体"最直接的动力来源，能够使"小微田园综合体"产生应激反应，竞争则是这些应激反应中表现最为剧烈的现象之一。竞争主要包括种间与种内竞争两种类型：

① 种间竞争。"小微田园综合体"之间存在将特色农业、特色文化、特色旅游作为资源吸引、角逐发展机会的竞争现象。不同的"小微田园综合体"极力打造自身的品牌优势，争取更多资源、机会进行差异化竞争，不同特色维度能够帮助不同的"小微田园综合体"进行差异化定位，是它们竞争手段之一①。以课题组项目为例，湖州市郎吴村的差异化定位是低碳、

---

① 张一，王玲，邵林涛，等.目的地品牌个性在乡村旅游地差异化竞争中的应用研究：以无锡荡口镇与华西村为例[J].资源开发与市场，2015，31(11)：1401-1404.

粗犷的营建形式(图 4-6),湖州市张陆湾村的差异化定位则是淳朴、务实的营建风格(图 4-7)。

图 4-6 湖州市郝吴村改造后实景
(图片来源:课题组摄制)

图 4-7 湖州市张陆湾村改造后实景
(图片来源:课题组摄制)

② 种内竞争。"小微田园综合体"作为有机整体,在新要素、新信息的流动和渗透下,系统内部要素、子系统之间一样存在竞争现象。在主体属性上,最直接的种内竞争是小农主体和其他多元主体话语权之间的竞争;在产业属性上,最激烈的种内竞争是特色农业与其他生态休闲产业、乡村文化产业、农产品电子商务业等多样产业类型在基地中的资源配置率高低的竞争。近年,乡村政策的更新与转化,也是种内竞争的结果之一:乡村政策重点从支持农业生产转化为培养多产联合,政策工具从提供农业补贴转化为综合投资,政策目标从促进收入平等化转化为提高综合幸福感,政策手段从自上而下或自下而上转化为综合发展战略①。

表 4-1 多元营建主体合作的优势与特长

营建主体	营建主体的优势与特长	提高乡村营建质量的具体内容
小农主体	乡村生活、生产的核心主体,对地方文化、社会资源和内在需求把握精准,是能够在乡村协同营建中发挥持续作用的力量	内生资源 / 利益保障 / 小农参与 / 身份感 / 组织化
村集体/村两委	现代化小农进行自我管理、自我教育、自我服务的基层群众性组织,地方政府信息的传递者和小农需求的代言人	政策引领 / 资本扶持 / 村委会管理 / 技术支持 / 小农配合
地方政府	乡村营建工作的领导者、组织者和管理者,通过政策引领、规划决策、拨款扶持、技术培训等手段参与营建	村委配合 / 小农信任 / 政府投入 / 精英支持 / NGO(非政府组织)支持

① 陈秧分,姜小鱼,李先德.OECD 乡村政策及对中国乡村振兴战略的启迪[J].新疆师范大学学报(哲学社会科学版),2019,40(3):64-70.

（续表）

营建主体	营建主体的优势与特长	提高乡村营建质量的具体内容
社会精英	既对乡村发展的定位、评价、调整起到理论作用，又能够将实际需求与专业技术结合，在多元主体之间进行沟通协调	村委配合　小农参与　精英加入　政策引领　NGO合作
工商资本	为实际乡村营建提供资金、平台、技术等外部资源，与乡村其他主体进行紧密合作，共同创造利益	村委合作　小农参与　资本投入　专家合作　政府合作

（资料来源：张鸽娟.系统动力学视角下陕西传统村落营建的多方参与机制及效应分析[J].城市发展研究，2020，27（10）：32—36.)

　　然而，竞争与合作既是相互对立的两极，又是能够相互转化的两种机制，多元营建主体可以发挥各自的优势与特长（表4-1），来提高乡村营建的质量①。

　　此外，小农过去经常直接竞争特色农产品，但是一个家庭农场或农民合作社所能够生产的农产品和消费者数量均有较强局限性。随着营建理念的发展，有相似价值观的家庭农场或农民合作社开始抱团发展。以课题组在丽水市遂昌县上下坪村和湖州市埭溪镇的璞心家庭农场为例，他们各自的农民合作社与家庭农场分别与其他地区的农民合作社与家庭农场抱团合作，通过推荐其他组织化经营载体所生产的符合质量要求的农产品，均扩大了农产品销售种类和增加了收入。这是物联网、互联网时代下跨地域的新型"竞争与合作"关系，也是一种新型小农组织化形式。

4.3.2　产业经营的涨落与反馈

　　协同理论中的涨落机制能够决定复杂系统的有序程度，即涨落使复杂系统产生张力，导致系统出现失衡状态、内部结构出现变异或重组，能够使复杂系统发生进化，它是复杂系统形成新结构的杠杆，也是新结构的胚胎②。反馈机制则是指系统信息输出端的结果反作用于系统信息输入端，继续对系统信息输入产生影响的过程。在该过程中，如果起到增强输入的作用，则称之为"正反馈"；如果起到减弱输入的作用，则称之为"负反馈"。乡村营建中的产业经营应遵循涨落与反馈机制的规律，有序实现产业升级。

　　乡村产业重组和升级过程中，包括两种涨落类型，"微涨落"和"巨涨落"：①"微涨落"相对平均值较近，这些小偏差会被系统快速耗散，几乎不会对系统的宏观量产生影响，系统也会重新回归到稳定态附近；②"巨涨落"相对稳定态较远，处于系统发生质变的临界阈值附近，这些大偏差不会被系统快速耗散，甚至会在一些干扰作用下，使系统达到新的宏观量。

　　①　张鸽娟.系统动力学视角下陕西传统村落营建的多方参与机制及效应分析[J].城市发展研究，2020，27（10）：32—36.

　　②　孙飞，李青华.耗散结构理论及其科学思想[J].黑龙江大学自然科学学报，2004（3）：76—79.

因此,产业经营过程中,应尽量以"微涨落"的形式或手段介入营建,过程通过反馈机制配合或控制,实时调整介入的程度与节奏,当系统重新达到动态平衡后,再进行下一步介入,如此循环反馈,直到逐渐完成产业升级。

以课题组在安吉县碧门村的实证营建研究为例。1990 年之前,碧门村耕地面积为 892 亩,村民多种植葡萄、草莓、蔬菜、水稻等,收入受到气候条件直接影响;之后,碧门村小部分村民和台湾商人开始从事竹产业,这部分村民实现了增收,且小部分个体的快速发展对乡村整体产业经营来说,仅是"微涨落",未破坏彼时产业营建的稳定态;直到 2015 年,超过 80% 的村民都从事竹产业,第二产业终于取代第一产业成为主导产业,产业经营的变化从"微涨落"发展为"巨涨落",违章建筑大量出现,严重影响了碧门村的人居环境质量和道路通畅。此外,竹资源产品雷同,附加值低,进一步使产业经营失去平衡,废弃物随意堆放,导致了生态污染和景观破坏的结果(图 4-8)。

图 4-8 竹产业导致生态环境破坏
(图片来源:课题组摄制)

图 4-9 竹材料大地景观营造
(图片来源:课题组摄制)

基于产业的无序竞争、资源的严重浪费等反馈结果,课题组根据碧门村的特色竹产业,尝试挖掘产业链延伸的可能性。仅保留部分小微规模、高质量生产的竹产品手工业,将缺乏特色的产业经营"巨涨落"状态控制在"微涨落"范围之内;同时,鼓励部分村民重新从事"小而美"的农业生产;依托农业、竹产品手工业,结合优美自然环境,尝试发展体验式观光产业,吸引消费者在地参观和体验竹产品制作、生产过程,有意识地将竹材料晾晒过程营造为大地景观(图 4-9),进一步带动了村民发展第三产业的积极性;在营建过程中,密切关注社会主体、产业经济、空间环境的实时反馈结果,根据真实结果不断调整产业经营的介入程度和节奏,为地方特色竹产业的转型和升级提供一条循序渐进的稳定道路。

在涨落与反馈机制相互配合的产业经营过程中,营建的早期是第二、第三产业依托第一产业,营建的中期是第二、第三产业支撑第一产业,营建的后期是第一、二、三产业联动。最终,实现"小微田园综合体"产业经营的有序演进。

4.3.3 空间形态的适应与进化

适应是来源于演化生物学的名词,是指生物个体或群体通过改变自身去适应新情况或新环境来保证个体或群体继续生存的一种能力,这种能力可以通过基因遗传给后代①。在演化过程中,基因约束和环境约束对个体或群体的适应都具有重要影响,个体或群体会根据自我发展需要和生存环境条件选择适应的行为模式。进化是在某种貌似简单的规则下,通过学习、竞争、合作等过程,发生对该规则的适应、提升和跃迁的结果。

乡村营建中,适应机制是"主体、产业、空间"等属性发生"优胜劣汰"的过程。但是,适应的根本宗旨是使乡村复杂系统在面对任何新要素、新形式时,都必须符合生存环境的需求,而不是为了适应去抑制空间多样性。历史上,德国、日本、韩国和中国台湾等发达地区的乡村有机更新实证研究,恰恰是不同时代、主体与风格的空间形态多样化适应的结果,因此它们没有在时空演化中被历史淘汰。

以日本合掌村(图4-10)、韩国 Heyri 艺术村(图4-11)为例。改建和新建的建筑之间的适应不仅是形式、风格层面上的协同,更是生活、文化意义上的协同。适应过程中,乡村不可避免地会受到不同时期信息和能量的渗透,使丰富的表现形式和珍贵的历史价值综合于一个空间物质载体,同时,营建主体也应对乡村劣质属性进行判断、清理,避免无保护价值的肤浅属性。

图 4-10　日本合掌村

(图片来源:网络②)

图 4-11　韩国 Heyri 艺术村

(图片来源:网络③)

以台湾省南投县埔里镇桃米里为例。桃米里在地形地貌、多样产业、多种空间、历史文化等综合方面的发展需求与小农主体、地方政府、工商资本、社会精英等多元主体的营建思路实现了彼此适应,是我国乡村现代化营建转型的样本之一④。1999 年,"921"地震之前,桃米里以传统农业为主要谋生产业⑤,空间结构多由传统农业景观构成;地震之后,62%的村民赖以生存的传统农业遭到地震破坏(图4-12),小农、地方政府、建筑师等主体将旧竹笋场

①　方修琦,殷培红.弹性、脆弱性和适应:IHDP 三个核心概念综述[J].地理科学进展,2007,26(5):11-22.

②　https://www.bunbo.com.cn/news/architecture/2018/shirakawa-go.html

③　https://www.sohu.com/a/393932133_100262029

④　梁艳,沈一.台湾农村灾后重建中的社区营造及对大陆的启示:以台中埔里镇桃米社区为例[J].国际城市规划,2015,30(5):116-119.

⑤　邵珮君.台湾集集地震灾后农村小区重建之比较研究:涩水、桃米及龙安小区[J].国际城市规划,2008,23(4):62-65.

改建为见习社区(图4-13)、交流空间、游客中心、民宿(图4-14),空间也随着产业的转型和升级实现从第二产业空间到第三产业空间的适应和进化。由于桃米里紧邻热门景点日月潭,受到周边景点"短程通讯"发展旅游业与生态业的启发,桃米里村民也尝试将其往独立景点的方向打造,台湾省建筑师邱文杰的大小棚架雕塑和日本建筑师坂茂的纸教堂(图4-15、图4-16)先后落成于此。这种"灾后"空间对外部环境的适应,不仅是形式、风格上的外在协同,而且是乡村生活、文化、地域基因意义上的内在协同。

图4-12 桃米村地震废墟

(图片来源:桃米里官网①)

图4-13 桃米里见习社区

(图片来源:桃米里官网①)

图4-14 桃米里民宿

(图片来源:桃米里官网①)

图4-15 桃米里纸教堂外景

(图片来源:桃米里官网①)

图4-16 桃米里纸教堂内景

(图片来源:桃米里官网①)

在"小微田园综合体"模式中,主体、产业、空间等因素不可避免地会受到不同时期、不同程度的信息、能量的渗透,这些多样性正是"小微田园综合体"模式产生协同性的前提条件,应该被鼓励。空间形态的适应和进化的目标不在于将多样性属性破碎地拼凑在一起,而在于挑选与主体、产业密切相关的优质空间属性,淘汰肤浅、装饰的劣质空间属性,在符合文化、生活意义的乡村主题的基础上,进行融合。与生物个体的成长和进化一样,"小微田园综合体"营建的进化和协同也将随着时代变迁和人类进步不断调整、适应、演化,过程漫长而持续,不是一朝一夕就能够达到的终极目标。

---

① https://www.taomi.tw/

4.4　本章小结

　　本章节讨论了江南地区乡村"小微田园综合体"的认知框架。① 在独立性和灵活性、低成本与普适性上,讨论了"小微田园综合体"的营建特征;② 通过营建过程从"短程通讯"到"宏观涌现"、共时性与历时性动态化协同的论述,讨论了"小微田园综合体"的营建机制;③ 通过营建主体的竞争与合作、产业经营的涨落与反馈、空间形态的适应与进化等方面,提炼了"小微田园综合体"的营建模式。

5 江南地区乡村"小微田园综合体"的营建策略

5.1 "主体联合"：利益平衡的组织机制

5.1.1 话语守护下小农组织化

（1）小农公共话语权在场

在多元主体参与乡村营建背景下，他们之间的利益平衡，即小农、地方政府、村集体/村两委、工商资本、社会精英的发展需求、政治利益、经济利益相互平衡。因此，我们应使小农拥有充分话语权与营建自主权，以"社会、经济、环境"子系统的协同营建为宗旨，持续增强乡村内在主体的驱动力，使乡村"小微田园综合体"营建过程实现从"被动输血"到"主动造血"的转化。

法国社会学家皮埃尔·布迪厄认为，人们在实践中形成的话语技能，不仅是单纯的"说"，更意味着通过话语表达诉求与权力。掌握话语权是乡村营建的柔性治理手段[1]之一，代表社会治理的"主体在场"，主要包括知情权、参与权、管理权、监督权。在以往的乡村营建中，小农主体一般在方案公示与实施阶段有所参与，形式上似乎获得了知情权与监督权，实际上却是被动的知情权、监督权与缺失的参与权、管理权。谢里·安斯坦（Sherry Arnstein）在《美国规划师协会杂志》上发表了著名论文《市民参与阶梯》（*A Ladder of Citizen Participation*），将公众参与分为八个阶梯等级，从低到高参与程度依次为：被操纵、被治疗、被告知、被咨询、展示、合作、代表、控制（图 5-1）[2]。在当前江南地区乡村营建中，小农主体参与程度仅处于前四个等级。他们作为营建过程最重要的利益相关者，如果能够通过掌握话语表达诉求与权力进行实质性参与，将在真正意义上影响乡村振兴的结果。

1	2	3	4	5	6	7	8
被操纵	被治疗	被告知	被咨询	展示	合作	代表	控制

图 5-1　市民参与阶梯理论的八个阶梯等级

（图片来源：作者根据 Arnstein S R. A ladder of citizen participation[J].
Journal of the American Planning Association，2019，85(1)：24-34.修改绘制）

---

① 胡卫卫,杜焱强,于水.乡村柔性治理的三重维度：权力、话语与技术[J].学习与实践,2019(1)：20-28.

② Arnstein S R. A ladder of citizen participation[J]. Journal of the American Planning Association，2019，85(1)：24-34.

小农作为当前乡村营建中相对弱势却绝对重要的主体,不仅需要在前期营建策划阶段将他们的需求纳入进来,还应该让他们的话语权在营建过程中的目标制订、方案选择、策略执行等重要的环节得到发挥。这需要地方政府、工商资本与社会精英根据小农的认知水平,鼓励他们进行高等级、实质性的公众参与。具体体现在以下四个方面:

① 话语权平台构建:精英主体介入乡村营建的程度受到乡村自组织能力的影响,地方政府需要尽量给予乡村充分自主发展权,减少强势管制与消极干预等手段①,创造能够使小农主体与其他主体进行平等对话的条件,邀请与激励小农参与营建全过程,引导与辅助小农精准表达自身需求、描绘理想乡村愿景。

② 主人翁意识树立:培养具有权利概念与法治思维的主人翁精神,提高小农主体的综合素质和参与能力,将小农主体被操纵、被治疗、被告知、被咨询等被动式、象征性的参与方式升级为展示、合作、代表、控制等主动式、实质性的参与方式。

③ 组织化载体保障:成立家庭农场、农民合作社,通过组织化载体壮大、促进小农话语权成长,发挥乡村能人在组织化载体中的话语权带动作用,使小农需求表达的渠道、过程与环境得到拓宽、保障与优化,进一步激发小农需求表达的主动性与参与营建工作的积极性,提高营建决策的准确性。

④ 传媒舆论权支持:传媒作为弱者的武器②,是小农利益表达遭遇困境时的防线,传媒应站在客观、公正立场,一方面,发挥表达、协调、监督与引导等作用,帮助小农塑造公共领域的角色,潜移默化地培养小农理性表达利益的意识与能力,促进小农与权威通过对话解决问题;另一方面,将小农主体普遍关注的热点、焦点尤其是群体性事件转化为公共议题,在坚守公众利益和公共精神前提下,及时公开报道,通过有效社会舆论监督,满足小农公共知情权与话语权在场。

(2) 组织化赋能内生体系

松散化小农个体的主体组织性不强,对接各种资源的能力不足,需要乡村营建中的其他精英主体引导小农主体对接这些资源,进行共同合作。提高小农主体组织化程度,是改变过去"只注重物质投入与资金投入、不注重主体赋能"弊端的一种途径,它能够促使小农团结起来,激发乡村营建的内生驱动力,将过去"为我做"转化为"我要做"③。内生驱动力能够激发小农自身改善乡村的意愿,作为"小微田园综合体"营建的直接力量,自发进行环境治理、建筑更新、文化保护等营建活动,在营建过程中,小农不会对乡村失去归属感、认同感,良好的营建自主性将直接提升营建结果的主体满意度。

以台湾省龙眼林村的组织化赋能内生体系的经验为例。1999年"集集"地震之后,龙眼林村面临快速恢复正常生产、生活的挑战,小农在社会各界力量帮扶下,重新认知了乡村营建,由村主任牵头成立了以本地村民为班底的社区福利协会等多种团体组织,专注

① 张鸽娟.系统动力学视角下陕西传统村落营建的多方参与机制及效应分析[J].城市发展研究,2020,27(10):32-36.

② 王平.作为弱者武器的传媒:农民利益表达与抗争的策略选择[J].人文杂志,2012(4):172-176.

③ 余侃华,刘洁,蔡辉,等.基于人本导向的乡村复兴技术路径探究:以"台湾农村再生计划"为例[J].城市发展研究,2016,23(5):43-48.

于引导村民协同社会援建组织积极重建乡村。2002 年帮扶组织陆续退出援建工作之后，发展面临短暂困境，随着社区进一步培育和完善组织化能力，独立成立不同类型的产业营销组织，甚至自主提出完善"社区支持农业体系"计划，最后，取得了积极成效。通过10 余年的内生营建，龙眼林村不仅把握了重建机遇，还凝聚了小农组织化共识，结合自身特色农业优势，形成了稳定发展的小农组织，构建了均衡的"主体、产业、空间"属性协同发展框架①，从破败、衰弱的状态成功转型为"社会、经济、环境"协同营建的模式。台湾省龙眼林村与江南地区乡村具有相近地理、气候条件，它的组织化赋能内生体系的经验对江南地区具有借鉴意义。

再以河南省郝堂村的内置金融实验为例。尽管郝堂村和江南地区乡村的营建条件截然不同，但是通过内置金融激发小农组织化的经验对其他地区乡村具有较强参考意义。郝堂村小农在政府和社会联合帮扶下，成立了养老基金互助社，通过内置金融实验，激发内生组织能力。该养老基金互助社本金由 60 岁以上老年人出资、本村在外成功人士捐赠、政府贴息的三条途径共同构成。老年人通过为本村小农提供以土地承包经营权为抵押的贷款获得利息，极大地调动了他们关心乡村的积极性，较大地提高了他们的社会地位和改善了他们的经济条件②。互助社则再次将被抵押的土地流转给村集体统一经营，同步改善人居环境，促进土地升值，进一步分享土地收益。相比过去"等靠要"的被动性，使老年人稳定获得利息的内置金融，在其他主体的共同帮扶下，提高了以小农为核心的内生组织能力与一致行动能力，使他们能够自主回应共同生活与生产需求，提高了小农竞争力与话语权，在真正意义上促进了内生协同营建。

5.1.2 价值延续下的村集体再造

自下而上地看，村集体/村两委是土地的所有者和经营的管理者，代表了小农利益；自上而下地看，是政府理念的执行者，受到政府干预③。他们作为"夹缝中的生存者"，既不能越位，又不能缺位。

以村集体流转土地的使用权为例，其收益、管理、服务是当前多元主体参与乡村营建容易发生利益冲突的矛盾点之一。一方面，在"弱化土地所有权、强化土地使用权"制度改革理念下，村集体土地所有权的职能不断被虚置④；另一方面，当面对工商资本谈判时，即使小农组织化载体在话语守护下，也仍然会陷入被动。《中华人民共和国农村土地承包法》（2018 年修订）鼓励由承包农户自主决定土地是否流转以及流转价格和流转形式。然而，这并不意味着农户可以随心所欲，他们仍然应该按照规定在村集体进行备案，在服从集体章程基础上，才能够合理主张诉求。相比小农自发进行土地流转或不流转，通过村集体进行土地使用权流转，能够提高土地流转的有序性和可控性，约束双方行为、减少履约风险、处理流转

① 万成伟.农村社区内在活力的营造机制研究：以台湾龙眼林社区为例[J].国际城市规划,2018,33(1)：136-142.
② 贺雪峰.乡村建设中提高农民组织化程度的思考[J].探索,2017(2)：41-46.
③ 孙阿凡,杨遂全.集体经营性建设用地入市与地方政府和村集体的博弈[J].华南农业大学学报（社会科学版）,2016,15(1)：20-27.
④ 程久苗.农地流转中村集体的角色定位与"三权"权能完善[J].农业经济问题,2020,41(4)：58-65.

纠纷、降低交易成本、稳定经营预期①。此外,在土地经营规模、农业结构调整、提高生产效率等方面,村集体也具有明显优势②。因此,为保证小农组织化能够持续地进行,在小农组织化的发展初期,其载体仍然应为村集体保留一定份额。

再以村集体促进产业的发展为例,除了通过"土地经济"等手段积累资产,一些村集体还通过挖掘生态价值实现村民自我脱贫。以浙江省义乌市何斯路村集体为例。村集体牵头成立"休闲农业合作社",将25%的"资源股份"免费分配给村民主体,其他75%的"资本股份"按照先后顺序让现村民、前村民、干部、政府、工商进行认购,形成新型农村集体股份制经济。村集体合作社的资产积累,支撑了何斯路村前期发展需要高额资金投入的乡村旅游经济。"连草带土"移植新疆维吾尔自治区薰衣草花海经济,使"何斯路村"形成了品牌,名声大噪,品牌价值提升,使村集体资产愈发雄厚,促进了空间形态的提升。

现实中多数地区村两委成了村集体的代名词。作为具有政治、经济、社会"三合一"职能的混合型基层组织③,村集体/村两委在我国乡村发展特定阶段的特定地位和特定职能,决定了其特定作用:村集体/村两委的价值之一在于重视和代表每个成员的利益和需求。在江南地区,村集体既需要使细碎化土地适度规模化、引进适宜工商企业,又必须为家庭农场、农民专业合作社等新型小农组织化经营主体预留足够土地空间。总之,村集体能够切实反映村民需求、考虑村民利益,在村民中的威望也能够顺利促进村民组织自治、带领村民参与自主营建,是"小微田园综合体"协同营建中最重要的组织力量之一。

5.1.3　精英参与下的陪伴式营建

由于地方政府、工商资本、乡村权威等形成的"精英联盟"仍然存在一定"利己"可能性,以建筑师和规划师等为主体,协调或辅助村民参与乡村营建的技术力量及其组织机制需要得到建立。

(1)"陪伴式设计"的理念

国家乡村营建政策的实施使乡村营建活动的实践变得很火热,如建筑师在松阳县、文村、山阴坞村、东梓关村等地方的设计实践,说明他们以不同路径和姿态介入乡村营建已经成为一种普遍现象。经过一定时间的检验,"农民必须是乡村营建过程的重要参与者④""公众参与、授人以渔、共同营建"已经逐渐成为部分建筑规划专业者从事乡村营建的基本共识与策略方法⑤。江南地区乡村"小微田园综合体"的协同营建,不以规划师、建筑师描绘的终极蓝图、追求的工程完成度为目标,而以小农为重要参与主体,基于乡村复杂系统不断反馈、适应的协同机制,以陪伴式营建的方法进行乡村营建工作,此模式也更贴近江南地区乡村营

①　钱文荣.农地市场化流转中的政府功能探析:基于浙江省海宁、奉化两市农户行为的实证研究[J].浙江大学学报(人文社会科学版),2003,33(5):154-160.
②　张建,诸培新.不同农地流转模式对农业生产效率的影响分析:以江苏省四县为例[J].资源科学,2017,39(4):629-640.
③　张晓山.农村基层治理结构:现状、问题与展望[J].求索,2016(7):4-11.
④　李华东、黄印武,任卫中,等.蜕变与复兴:"乡村蜕变下的建筑因应"座谈会[J].建筑学报,2013(12):4-9.
⑤　王冬.乡村:作为一种批判和思想的力量[J].建筑师,2017(6):100-108.

建的真实需求。

陪伴式营建与乌托邦式营建理念截然相反：后者暗示雄心和抱负，前者代表容异、容变、容错、容陋、容庸、容冗、容微、容弱①。个别极端情况下，陪伴式营建甚至没有必要通过统一规划等手段按部就班确定设计思路。时间上，基于反馈、适应等协同机制的陪伴式营建能够为乡村整体营建项目提供更长期、更精准的投入，一般包括摸索期、推广期和提升期②。

① 摸索期，将树立基础样板、点穴启动③营建作为"小微田园综合体"的前置策略，率先提高部分土地价值，为工商资本创造基础条件，为产业发展提供支撑，初步调动村民积极性，形成良性的利益共同体。② 推广期，通过进行全面营建，实现基础设施覆盖，鼓励村民进行经营性生产。③ 提升期，主要进行整体环境与经营品质提升营建和局部高端、新颖场所打造，使"小微田园综合体"对环境实现整体适应。

规划师、建筑师的角色实际已经超越常规项目合同中的乙方角色，以同济大学与山东省淄博市傅山村的合作模式为例。双方在没有签署任何长期合作关系文书前提下，持续进行营建服务接近30年，团队为傅山村每个项目都充分考虑了每个阶段需求的变化，在傅山村营建过程中，团队也通过陪伴，处理了诸多现实问题与矛盾④。

精英参与的陪伴式营建，是以专业知识为特征的外部技术支撑力量介入乡村营建，对乡村整体协同营建的结果具有重要的价值。除规划、设计工作外，规划师、建筑师还应该承担前期策划工作，陪伴式营建需要做的不是仅对形态的关注或在短期之内完成一个"高完成度"的工程项目，而是有计划、有步骤、有超越传统建筑学视野地推动乡村综合发展，挖掘乡村自我经营、自我更新的能力。

（2）"团结乡建"的机制

实现多元"主体联合"的利益平衡是完成乡村营建协同深化的前提，需要融合真实需求、先进理念与本土智慧的创新思维。乡村营建的实施结果，主要应关注两个核心点：小农主体在整个乡村营建过程中是否具有充分话语权；小农主体中是否出现一定规模中产阶级⑤。乡村"小微田园综合体"协同营建的复杂性，包括社会、经济、生态、技术等综合性问题；同时，在地方进行乡村营建过程中使用产品、服务、智库时，往往还存在资源分散、协同有限的现象，进一步导致出现碎片化、非连续、不精准的问题，事倍功半。

因此，在协同视野下进行乡村"小微田园综合体"营建，即使是地形地貌细碎化、营建单元规模小的江南地区，也必然需要尽力团结各方力量，进行"上下双向联动、体制内外结合"的组织机制创新。尤其是将"小农主体、政府引导、技术支撑、资本助力、社会参与"五个方面进行有机联合，保证小农主体在"五位一体"的营建模式中始终具有充分话语权。最终，使江南地区乡村"小微田园综合体"营建的多元参与主体成为内外复合型动力系统，实现"内外合一"，瞄准共同目标，进行协同合作与创新。

① 周榕.建筑是一种陪伴：黄声远的在地与自在[J].世界建筑,2014(3)：74-81.
② 王磊,马迪,董晋,等.再走西口：鄂尔多斯市尔圪壕村陪伴式系统乡建实践[J].建筑学报,2016(8)：89-95.
③ 杨贵庆.有村之用：传统村落空间布局图底关系的哲学思考[J].同济大学学报(社会科学版),2020,31(3)：60-68.
④ 支文军,王斌,王轶群.建筑师陪伴式介入乡村建设傅山村30年乡村实践的思考[J].时代建筑,2019(1)：34-45.
⑤ 王竹,傅嘉言,钱振澜,等.走近"乡建真实" 从建造本体走向营建本体[J].时代建筑,2019(1)：6-13.

作为提供技术支撑的高校和相关研究机构而言,应充分运用各个研究领域的专业知识和科学技术,全方位地服务乡村营建的主战场。当前,浙江大学已组织一支以各个涉农专业教授为主体的有情怀、懂农业、爱农村、帮农民的队伍。2017 年,浙江大学 20 余位涉农专业的教授自发成立了"教授合作社",灵活发挥"上下双向联动、体制内外结合"的组织机制作用,弥补了小农主体在乡村营建过程中的短板。基于此,"教授合作社"与地方家庭农场、农民专业合作社联合成立了新型"法人联盟",推动机制创新的精准底层设计,即"团结乡建"模式(图 5-2)。

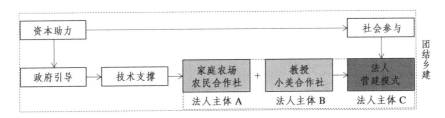

图 5-2   "团结乡建"模式的核心路线

(图片来源:作者根据王竹,孙佩文,钱振澜,等.乡村土地利用的多元主体"利益制衡"机制
及实践[J].规划师,2019,35(11):11-17.修改绘制)

以课题组浙江省丽水市遂昌县淤弓村营建研究为例。浙江大学"团结乡建"团队以"精准助农"为理念,根据农民专业合作社所在乡村整体农业、旅游资源的情况,依托浙江大学"小美农业"第三方平台,协助古坪专业合作社销售了诸多优质农产品。同时,团队把握"美丽宜居示范村"的契机,联合企业资本,进行产业策划、空间规划与场所更新等工作(图 5-3、图 5-4),形成了以"小农为主体[1]、政府为引导、技术为支撑、资本为助力、社会为参与"五位一体的组织机制[2]。

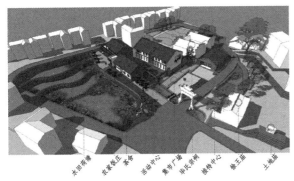

图 5-3   淤弓村空间规划设计

图 5-4   淤弓村节点更新设计

(图片来源:作者根据王竹,徐丹华,钱振澜,等.乡村产业与空间的适应性营建策略研究:
以遂昌县上下坪村为例[J].南方建筑,2019(1):100-106.绘制)

---

[1]   仝志辉,温铁军.资本和部门下乡与小农户经济的组织化道路:兼对专业合作社道路提出质疑[J].开放时代,2009(4):5-26.

[2]   王竹,徐丹华,钱振澜.基于精准助农的"小微田园综合体":概念、模式与实践[J].西部人居环境学刊,2019,34(3):89-96.

5.2 "产业融合"：多元灵活的经营模式

5.2.1 锚定地方特色产业

产业振兴是乡村振兴的"火车头"，发展特色产业是产业振兴的核心，若乡村营建脱离产业协同规划，只是"就空间论空间"，则属于低质量的营建。

表面上，"小微田园综合体"营建最严峻的问题是资金问题，实际上，是资金外部"输血"还是内部"造血"的矛盾问题。政府拨款和工商资本无法永久单向"输血"、单向填补大量资金缺口，只有乡村产业经济发展、内部"造血"能力增强，空间营建才能够可持续。因此，产业发展与空间营建并不矛盾，符合节能减排、生态环保、持续经营等要求的产业发展甚至能够为空间营建提供经济保证[①]，推进"小微田园综合体"协同营建的进程；反之，空间营建也能够为产业发展提供优越发展环境，吸引更多工商资本，两者相互扶持与促进，形成"在产业发展中促进空间营建，在空间营建中推动产业发展"的良性循环。

特色产业是"火车头"持续经营的动力，它更有利于产业在市场竞争中取得优势。所谓特色产业是指某产业在特定环境影响下沉淀成型，显著区别于其他产业所具有的差异性与特殊性的产业。在乡村"小微田园综合体"复杂系统中，特色产业一般都呈现形象性、标识性等基本特征，具有较高公众认同感、一定感染力与影响力[②]。

不同于东北平原、黄淮平原耕地完整、肩负粮食数量安全重任[③]的特征，江南适合发展的小规模、高质量的特色产业，能够满足地区发达城市不断崛起的中产阶级的消费层次需求，将劣势转化为优势。尤其是中国加入世界贸易组织之后，自由经济环境使非特色农产品不再被本国垄断、价格不再由本国决定[④]。发展以小农组织化为新型经营主体的特色产业，是"大国小农"背景下当前江南地区小农主体最理想的选择。需要注意的是，发展特色产业的策划应该因地制宜，尊重产业的在地性。特色产业一般不具有替代性与复制性，不切实际地移植其他特色产业很有可能会劳民伤财。

特色产业具有在地性与文化性：① 在地性是指产品在特色环境与资源条件下通过气候差、季节差获得市场空间，如"国家地理标志"保护产品，其他地区难以进行生产或难以保证品质。② 文化性包括但不限于蚕文化、茶文化、酒文化、稻鱼共生文化以及水田耕作文化等类型[⑤]。如台湾省著名民宿卓也小屋蓝染特色产业[⑥]，初衷是以农村生态、农业生产与农民生活为核心内容，通过沉浸式教学的方式，将 3000 年蓝染特色产业历史保留下来；随着旅

① 汤蕾,陈沧杰,姜劲松.苏州西山三个古村落特色空间格局保护与产业发展研究[J].国际城市规划,2009,24(2)：112-116.
② 张定青,孙亚萍,郭伟.基于生态与人文理念的小城镇特色规划设计策略：以陕南小城镇为例[J].城市发展研究,2017,24(1)：56-62.
③ 李裕瑞,刘彦随,龙花楼.黄淮海典型地区村域转型发展的特征与机理[J].地理学报,2012,67(6)：771-782.
④ 何秀荣.关于我国农业经营规模的思考[J].农业经济问题,2016,37(9)：4-15.
⑤ 朱启臻.关于乡村产业兴旺问题的探讨[J].行政管理改革,2018(8)：39-44.
⑥ 傅嘉言,贺勇,孙姣姣.浙江民宿的乡村性解析与营建策略[J].西部人居环境学刊,2018,33(3)：80-84.

行者对蓝染体验兴趣越来越浓厚,进一步将种蓝、采蓝、打蓝、建蓝、蓝染等产业流程或产品(图5-5)与旅宿飨宴(图5-6)、农事体验、蓝染教育、蓝染艺术等文化性项目进行深度延伸,推动了卓也小屋周边地区的整体协同发展和持续经营。

图 5-5　卓也小屋蓝染产品

(图片来源:卓也蓝染官网①)

图 5-6　卓也小屋民宿

(图片来源:卓也蓝染官网①)

因此,在提出乡村空间营建策略之前,需要先针对产业持续经营进行策划构建,尤其是在特色产业方面,进行积极挖掘与尝试,改变过去"就空间论空间"的营建思路,将乡村营建放置于整体区域环境内部考虑,同时关注不同"小微田园综合体"之间的区位联系,通过他们之间的竞争与合作关系,促进百家争鸣和整体区域协同发展。① 以特色产业为突破,认识乡村产业独特内在价值,形成内部关键"序参量",引导和激活乡村主体凝聚力与主动性,在自我"造血"的基础上,吸引政府拨款与工商资本进行合作,提高"小微田园综合体"经济维度的适应性;② 以特色产业为锚点,营建特色空间格局和改善空间环境,促进乡村"小微田园综合体"的协同发展与整体进化,让乡村空间资源配置和使用更公平、合理、有效和持续;③ 以特色产业为支点,保护、传承以及创新非物质文化遗产,在区域整体发展前提下,实现乡村多样发展与持续经营。

5.2.2　产业链的纵横延伸

(1)产业链纵向延伸与横向拓宽

传统农业产业链过窄与过短的特点极大地限制了农业自身获利的空间②,导致了种植大户与农业企业协同程度低、农业资源浪费、劳动力就业不充分、农业投资回报率低等问题出现③。因此,必须打破传统经营模式,尽量在一条已存在的产业链的上下游进行延伸与拓宽,提高农业附加值,促使农业增效、农民增收。

---

① https://www.joye.com.tw/index/

② 王祥瑞.产业链过窄过短是农业增效农民增收的最大障碍[J].农业经济,2002(9):28-29.

③ 邵腾伟,冉光和.基于劳动力有效利用的农业产业化路径选择[J].系统工程理论与实践,2010,30(10):1781-1789.

产业链延伸与拓宽具体表现为分工程度①。在初始生产与最终消费之间增加越来越多、越来越复杂的工具、产品、知识等专业生产部门，将促使分工精细、交易频率提高，促进"迂回生产（Roundabout Production Method）"发展：分工精细使生产迂回程度增加，初始产业可能分化为若干涉农产业，表现为农业产业链不断被延伸与拓宽。

有部分学者将延伸与拓宽之后的产业链仅理解为农产品加工业环节的延伸，这样理解不够全面。产业链延伸与拓展不应该仅将产业局限于农业生产与销售本身，在纵向延伸上包括提高种子与产品质量、升级农资与农机供给、降低产业链内部交易成本②等，在横向拓宽上表现为将农业相关手工业、流通业、旅游业等第二、第三产业纳入产业链体系中③，包括"互联网＋"、营销、物流电商、生态旅游、文化体验等，每个环节都具有和承担价值创造的功能（图 5-7）。

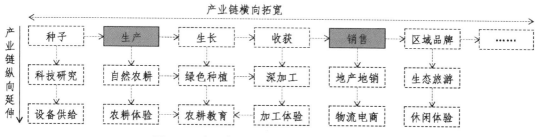

图 5-7　农业产业链纵向延伸与横向拓宽思路

（图片来源：作者绘制）

（2）"1＋N"经营模式④

"1＋N"经营模式是将核心特色产业作为"序参量"，以小农组织化为主体，充分引导和参与产业链升级与置换的全过程和结果。"小微田园综合体"系统中，外部社会、经济、环境等条件不断发生变化，在锚定地方特色产业的前提下：一方面，增强产业类型多样性，提高"小微田园综合体"系统环境适应能力与整体进化能力，协同增强空间多样性与探索性；另一方面，鼓励小农发挥积极性和适应性，参与延伸与拓宽之后的产业链体系中，防止资本垄断。

以课题组在遂昌县上下坪村的实证研究为例。课题组根据作物生长周期拣选 12 种上下坪村特色农业，挖掘产业链延伸的可能性，制作产业链延伸年历表（表 5-1）。在"1＋N"经营模式下，早期是第二、三产业依托第一产业，中期是第二、三产业支撑第一产业，后期是第一、二、三产业联动，在乡村复杂系统的不断反馈下，实现"小微田园综合体"动态适应与整体进化。第一、二、三产业联动的经营模式是循环反馈，主要包括以第三产业为导向的"用好增量"模式以及以第一产业为导向的"盘活存量"模式两种类型（图 5-8、图 5-9）。

① 李杰义.农业产业链区域延伸动力机制及途径研究[J].理论探讨，2007(4)：86-88.
② 唱晓阳，姜会明.我国农业产业链的发展要素及升级途径[J].学术论坛，2016,39(1)：80-83.
③ 屈学书，矫丽会.乡村振兴背景下乡村旅游产业升级路径研究[J].经济问题，2020(12)：108-113.
④ 傅嘉言，王竹，钱振澜，等.江南地区精准乡建"乡村基本单元"策略与实践：以浙江湖州"璞心家庭农场"为例[J].城市建筑，2017(10)：14-17.

表 5-1　上下坪村特色产业链延伸年历表

月份	1	2	3	4	5	6	7	8	9	10	11	12
茶籽										晾晒景观	榨油体验	茶籽花谷
茶叶			炒茶体验	享春茶	炒茶体验	享夏茶	炒茶体验	享秋茶			茶叶花谷景观	
香榧				香榧花海	香榧林海				采摘体验			
竹	挖笋体验	享春笋				竹林摄影	竹林漫步				挖笋体验	享冬笋
米							稻田景观		米糕米酒制作体验		稻田景观	
猕猴桃					猕猴桃花海景观				享猕猴桃采摘体验			
板栗					板栗花海景观				享板栗采摘体验			
红提									享红提采摘体验			
杨梅						享杨梅采摘体验						
鱼				垂钓体验							垂钓体验	

（表格来源：作者绘制）

① 模式 A：以第三产业为导向的"用好增量"模式（图 5-8）。

上下坪村的三座宗祠、一座香火祠、毕瑞艺术馆等物质文化资源与打栗、打糕、榨油等非物质文化资源的体验经济能够吸引多元主体来上下坪村，促进流量，以第三产业的增量促进第一、二产业的消费①，甚至将小部分消费者转化为投资者，进一步增强城乡黏性，促进"小微田园综合体"的内生发展②。

图 5-8　以第三产业为导向的"用好增量"模式图
（图片来源：作者绘制）

① 孙庆忠.社会记忆与村落的价值[J].广西民族大学学报(哲学社会科学版),2014,36(5)：32-35.
② 傅嘉言,王竹,孙姣姣,等.江南地区"小微田园综合体"产业策划与设计策略[J].华中建筑,2020,38(5)：44-47.

② 模式 B：以第一产业为导向的"盘活存量"模式(图 5-9)。

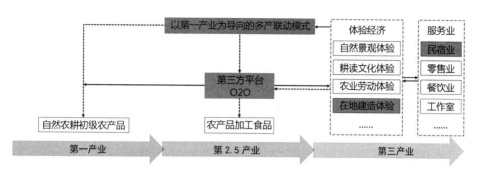

图 5-9 以第一产业为导向的"盘活存量"模式图
(图片来源：作者绘制)

为解决小农主体被传统第三方平台剥削和牺牲利益(图 5-10)、消除信息不对称等问题,浙江大学部分涉农教授共同参与搭建了"小美农业"第三方平台(图 5-11),着眼于盘活第一产业的存量,通过"互联网＋""粉丝经济"等效应,将该平台作为优质农产品与优质消费者之间精准沟通的桥梁之一。"小美农业"作为江南地区城乡合作链试点,尝试完成了"0→1"的流量导入、"1→10"的规模增殖、"10→100"的承载扩容和"100→∞"的永续经营①。

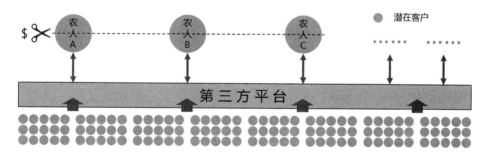

图 5-10 传统第三方平台模式图
(图片来源：作者绘制)

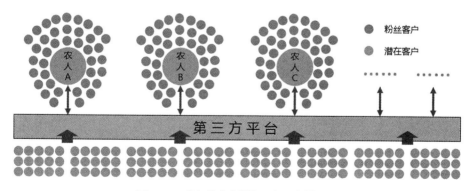

图 5-11 "小美农业"第三方平台模式图
(图片来源：作者绘制)

① 傅嘉言,王竹,孙姣姣,等.江南地区"小微田园综合体"产业策划与设计策略[J].华中建筑,2020,38(5)：44-47.

上下坪村在工业化过程中,没有在工业发展如火如荼的同时按照正常比例吸纳农业的相对过剩劳动力,而基于地方特色的产业链纵横延伸的经营模式是当前吸纳小农就近就地就业①的重要途径。通过社会资源、"互联网+"、"粉丝经济"等外动力,探索"共享经济"的可能性,将外动力转化为内动力,精准搭建小农组织化主体与消费者之间沟通的桥梁,共同打造农产品小微区域品牌;产业链的上下游各个环节分工合作,为农业创造更高附加值,不断夯实产业链延伸与拓宽的阶段性成果,通过持续反馈与迭代,实现"小微田园综合体"的协同进化与聪明增长。②

5.2.3 小微高质量产业的联动

随着城乡居民消费结构发生变化,2019年,农业农村部等七部门联合印发《国家质量兴农战略规划(2018—2022年)》,推动了农产品瞄准高质量方向发展。当前,我国农业品牌数量与农产品国际市场竞争力不断增加,相关法律法规与农业技术标准体系也逐渐完善,"无公害""绿色""有机""地理标志"("三品一标")等标签被认为是高质量农产品的代名词。表5-2显示,我国"三品一标"认证农产品总数在逐年不断增加。然而,生产高质量农产品仍然面临农业"投入品"污染泛滥、生产标准化程度低、优质优价市场机制缺乏、消费者收入水平存在较大差距等挑战,是一项长期又艰难的工作。具体从以下三个方面入手:

① 建立风险预警的农产品质量安全管理机制:通过农产品生产环境反馈进行长期、连续的监测,收集一手数据资料,作为风险评估的起点;积极通过科研机构、行业协会、消费者、标准化生产基地、生产加工企业、专业合作社、小农等主体进行数据来源拓展与信息收集处理;完善农产品质量安全追溯系统,定期推送监测的结果,反馈、调整、引导农业生产者进行安全生产、消费者进行安全消费。

② 建立以大数据和全媒体为载体的农业安全教育机制:对农产品经营者和消费者进行质量安全的专业教育与公众教育,充分利用现代科技和宣传手段,树立持续经营和消费高质量农产品的理念,提高农业质量安全的法律意识。

③ 建立优质优价的高质量农产品市场机制:优质优价的农产品市场反馈是提高农产品生产质量安全的关键,优质优价的农产品应遵循"产地要准入、销地要准入、产品有标识、质量可追溯、风险可控制"的原则,形成系统产业链。

表5-2   2011—2018年农业农村部"三品一标"数量变化

三品一标	年份						
	2011年	2012年	2013年	2014年	2015年	2016年	2018年
数量/个	84 835	97 110	99 405	102 241	106 763	108 100	121 743

(表格来源:作者根据2011—2018年全国"三品一标"工作会议材料③整理绘制)

---

① 邵腾伟,冉光和.基于劳动力有效利用的农业产业化路径选择[J].系统工程理论与实践,2010,30(10):1781-1789.
② 徐祥临.深化农业改革,谁来种地,如何种好地:培育新型农业经营主体之理念与对策[J].人民论坛,2017(3):84-86.
③ https://baijiahao.baidu.com/s? id=1662775717005439257&wfr=spider&for=pc

江南地区乡村"小微田园综合体"作为开放复杂系统,外部自然、市场、制度等环境不断发生动态调整,再精细的产业策划也无法准确预测所有变化。鉴于此,共时性的产业多样性能够增强产业对外部环境变化的适应性,产业结构应根据不同预测制定阶段性的灵活产业构建策略,并且在外部环境变化反馈下及时进行调整,以适应整体协同演进过程。农业作为乡村"小微田园综合体"在"1+N"模式下的核心产业,具有季节敏感性,可以顺应地方特色产业生长性,合理策划种植、培育与收获等时间管理过程。根据特色产业景观安排和布局休闲旅游等第三产业,充分促进复合型产业发展,针对个别景观吸引力不足时间段,引进弱季节性产业内容与活动主题,弥补这个时间段乡村吸引力的不足。

5.3　"空间整合":适应协同的营建策略

若主体利益平衡的组织机制是保持"小微田园综合体"内生活力的必要保障,产业多元灵活的经营模式就是提高"小微田园综合体"稳定发展的关键序参量,那么空间适应协同的营建策略就是将主体、产业两个层面的需求落到实处。空间营建策略具体是一种针对空间形态的规划与设计方法,这种方法的形成应围绕主体利益平衡与产业灵活经营等特征来确定,并遵循从问题到方法、从整体到局部的操作路径,最终实现从矛盾到协同的转化。

5.3.1　尊重细碎化格局的建造技艺在地途径

(1)细碎化地形地貌下的"种房策略"①

空间格局的形成是多种主体、多元产业在漫长时间周期中不断影响和适应环境的外在结果,体现为人地系统的共生关系,包括对情感的承载、对传统的融合和对自然的回应。

"小微田园综合体"坐落于江南地区山、水、岛等细碎化地形地貌中,在尊重"下垫面"原始格局的前提下,采用低度干预的策略与方法,使乡村复杂系统产生"微涨落",只要给予"小微田园综合体"一定时间,系统就能够自我消化这些干预。"种房策略"是指将人居单元"种植"到地理单元中,使两者有机融合,形成协同的、和谐的人地系统。尊重"下垫面"格局"种房",正是不同地区乡村空间结构千姿百态的来源。因此,顺应自然条件或约束,应成为乡村"小微田园综合体"协同营建等行为与活动的出发点。

如笔者所在课题组根据村民生活方式、价值观念、居住形态等特征,结合基地气候、资源、地貌等地理特征,顺应多山地、多丘陵、多水网、多湿地等细碎化地形地貌格局,以6至10户为一个"人居单元",营建与"地理单元"相互适应、有机融合的乡村肌理②(图5-12、图5-13)。

---

① 王竹,傅嘉言,钱振澜,等.走近"乡建真实"从建造本体走向营建本体[J].时代建筑,2019(1):6-13.
② 同①.

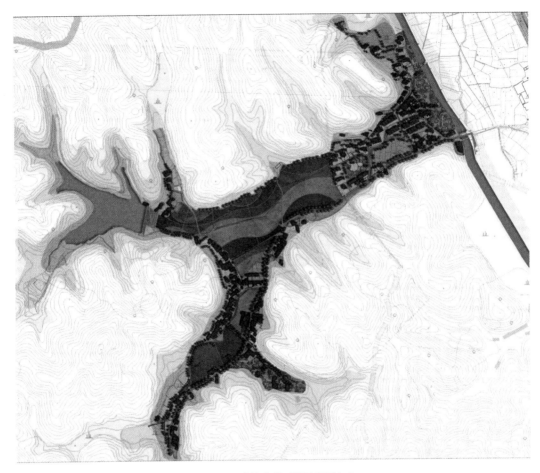

图 5-12　"种房策略"示意图(1)
(图片来源：课题组绘制)

(2) 在地途径下的建造技艺

乡村营建技术随着时代发生了改变，组织方式从传统帮工到现代雇工发生了转化①。目前乡村营建整体仍然表现为低技术的倾向，营建过程主要依赖经验，但是当一些传统帮工在难以熟练掌握现代做法、难以理解图纸的情况时，依赖经验却也能够收获到意外效果②。一方面，就地取材，选择土、石、竹、木、秸秆等传统材料或废纸、废砖等回收材料；另一方面，将复杂步骤分解为简单做法，降低非专业者参与营建的门槛，如妇女编竹、老人抹泥。这些做法不仅能够节约营建物质成本与时间成本，而且能够为弱势群体提供简单劳动机会。适度进行开放设计，刚性控制与弹性引导结合③，方便村民主体在未来使用过程中，能够根据

---

①　党雨田,庄惟敏.为乡村而设计：建筑策划方法体系的对策[J].建筑学报,2019(2)：64-67.

②　傅英斌.聚水而乐：基于生态示范的乡村公共空间修复：广州莲麻村生态雨水花园设计[J].建筑学报,2016(8)：101-103.

③　王焯瑶,钱振澜,王竹,等.长三角地区绿色建筑设计规范性文件解析：基于内容分析法[J].新建筑,2020(5)：98-103.

图 5-13　"种房策略"示意图(2)
(图片来源：课题组绘制)

需求变化对空间和构件进行微调整与微更新,使他们的生活习惯和文化精神能够自由发挥。在非标准化的乡村真实营建中,这些做法能够获得丰富、特殊的效果①,是一种"再设计"。

　　乡村营建表现为低技术的倾向是材料、技术、成本等限制下的一种被动选择。尽管传统材料、技术是直观表达乡村肌理最有效的方式之一,但是一些做法仍然需要批判性地继承。随着我国传统材料、新材料的数字化建造技术与艺术的发展,乡村营建手段不再局限于低技术的选择,在保证在地性和协同性的基础上,可以通过高技术、低成本的手段实现高效率②的目标。以四川省崇州市道明镇竹艺村"竹里"文化中心为例,通过"钢木"构件预制化的方法与数字化智能建造的手段创新了乡村生态新美学。在"竹里"文化中心的建造中,利用数控设备对非标准化构件进行预制化加工,通过数字化智能建造方法解决非线性建筑形态"每排屋架梁柱结构尺寸不同"、"'钢木'构件连接节点扭转角度不同"等问题,实现高预制化率,52 天就快速完成了所有建造过程。其他六座公共建筑均通过在地传统材料的设计与建造技艺创新,以木为构、以瓦为顶、以竹为肌,与竹林浑然一体(图 5-14、图 5-15、图 5-16、图 5-17)。

　　① 谢英俊,张洁,杨永悦.将建筑的权力还给人民：访建筑师谢英俊[J].建筑技艺,2015(8)：82-90.
　　② 袁烽,郭喆.智能建造产业化和传统营造文化的融合创新与实践 道明竹艺村[J].时代建筑,2019(1)：46-53.

图 5-14   竹里文化中心外部透视图(1)

(图片来源：https://www. archdaily. cn/cn/894983/dao-
ming-zhu-li-shang-hai-chuang-meng-guo-ji-jian-zhu-she-ji/
5b053651f197cc14a200032f-dao-ming-zhu-li-shang-hai-
chuang-meng-guo-ji-jian-zhu-she-ji-zhao-pian? next _ project
=no)

图 5-15   竹里文化中心外部透视图(2)

(图片来源：https://www.archdaily.cn/cn/894983/
dao-ming-zhu-li-shang-hai-chuang-meng-guo-ji-jian-
zhu-she-ji/5b0536a5f197cc14a2000331-dao-ming-
zhu-li-shang-hai-chuang-meng-guo-ji-jian-zhu-she-ji-
zhao-pian? next_project=no)

图 5-16   竹里文化中心鸟瞰图

(图 片 来 源：https://www. archdaily. cn/cn/894983/dao-
ming-zhu-li-shang-hai-chuang-meng-guo-ji-jian-zhu-she-ji/
5b053629f197cc1f96000171-dao-ming-zhu-li-shang-hai-
chuang-meng-guo-ji-jian-zhu-she-ji-zhao-pian? next _ project
=no)

图 5-17   竹里文化中心内部透视图

(图片来源：https://www.archdaily.cn/cn/894983/
dao-ming-zhu-li-shang-hai-chuang-meng-guo-ji-jian-
zhu-she-ji/5b0536d6f197cc1f96000173-dao-ming-
zhu-li-shang-hai-chuang-meng-guo-ji-jian-zhu-she-ji-
zhao-pian? next_project=no)

5.3.2   利于多元主体交往的公共性空间设置

（1）强化邻里"短程通讯"与细化空间尺度

乡村生活的宜居性通常体现在公共空间的多样化与空间尺度的亲切感上。邻里公共空间作为乡村公共空间的最小单位,是村民之间日常生活联系最密切的领域之一。在乡村营建研究中,可以将邻里单元和邻里之间的公共空间共同定义为"邻里基本生活单元",它是邻里成员适宜规模的集体领域,也具有相对明确的边界和相对独立的空间①。生活在其中的村民在长期居住和交往过程中形成了邻里氛围和人际网络。"邻里基本生活单元"的公共性空间设置为主体日常交往活动提供了物质载体,空间尺度的细化也将显著地强化邻里关系之间的紧密度与信任度。

---

① 钱振澜."基本生活单元"概念下的浙北农村社区空间设计研究[D].杭州：浙江大学,2010.

公共空间节点的塑造需要基于在地自然环境、产业经济、社会主体等特征,结合"小微田园综合体"的真实需求,需要对空间进行适度延伸与变形来进行组织[①]。在调研公共空间设置需求的基础上,除新建空间设施外,还可以对处于中心位置、使用频率较低的辅助用房进行拆除,对拆除成本高昂的、具有一定体量的建筑用房进行改建,激活和细化公共空间节点中心[②]。围绕邻里公共空间节点的"人居单元"户数不宜过多;公共空间节点应相对完整,形式可以相对自由;将公共空间整体形态进一步细化,形成不同类型和尺度的小节点,按照公共性划分为公共空间、半公共空间与私密空间;应保证公共空间节点之间的连续性,结合产业格局、生态景观等,将不同尺度的公共空间节点串联为整体公共带;为公共空间节点注入新功能[③],通过有利于村民交往的手法进行规划与设计,提高公共带的整体空间品质,激发"小微田园综合体"社群交往新活力[④]。

(2) 柔性约束公共建筑布局与体量

乡村公共建筑营建是规划师和建筑师发挥整体营建价值引导作用最关键的"序参量"。公共建筑营建不可"一蹴而就",应根据实际需求、实际经济运营状况,"点穴启动[⑤]",分阶段、分步骤推进,使营建的每个阶段既可以是当前的一个完整项目,又可以是未来的一个有机部分。

乡村营建工作不像城市营建工作具有明确的控制指标要求,乡村公共建筑的规模、布局与体量均具有一定自由度。乡村公共建筑初步布局完成之后,需要按照以下流程确定方案:

① 根据功能确定建筑面积、大致体量,综合考量建筑功能与基地信息如征用价格、征用面积、征用意见等征用要素,大致确定基地红线范围。

② 征求小农主体、地方政府、村集体/村两委、工商资本、社会精英在内的多元参与主体意见,结合产业结构,进行公共建筑概念设计,在公共建筑规模、布局与体量等方面达成基本共识。

③ 组织地方政府领导、建设部门专家进行会审,邀请多元参与主体代表共同出席,广泛征求修改建议,确定最终方案,进行详细设计,启动征地工作。

具有新功能的乡村公共建筑作为新介入既有乡村的空间"异质单元",其体量需要与既有居住建筑体量相协调。然而,体量参照仅是一种柔性约束,不意味着公共建筑的体量必须控制居住建筑的体量在一定比例。相反,公共服务设施较缺乏的乡村,其新公共建筑对基地甚至周边乡村都具有较强介入性和影响力,与居住建筑保持适度差异也具有一定必要性。体量之间的协调包括削弱和增强两个方面:一般公共建筑,如卫生院、教学楼、村委会等,可以通过小体块错位组合,适度消解体量,有效缩小公共建筑与居住建筑之间的体量差异,如在浙江省鄞吴镇鄞吴村卫生院极有限的土地上,门诊、急诊、病房、预防与保健相对独立布置,通过廊道连接,各个功能模块既相互独立又紧密联系,避免了集中式或分散式布局的弊

① 王韬.村民主体认知视角下乡村聚落营建的策略与方法研究[D].杭州:浙江大学,2014.
② 张子琪,裘知,王竹.基于类型学方法的传统乡村聚落演进机制及更新策略探索[J].建筑学报,2017(S2):7-12.
③ 杨贵庆.新乡土建造:一个浙江黄岩传统村落的空间蝶变[J].时代建筑,2019(1):20-27.
④ 徐丹华.小农现代转型背景下的"韧性乡村"认知框架和营建策略研究[D].杭州:浙江大学,2019.
⑤ 杨贵庆,肖颖禾.文化定桩:乡村聚落核心公共空间营造:浙江黄岩屿头乡沙滩村实践探索[J].上海城市规划,2018(6):15-21.

端,使建筑整体形态自然地呈现出聚落式的特征,以一种亲切的尺度融入山水田园中(图 5-
18、图 5-19);特殊公共建筑,如社区服务中心、文化礼堂等,需要适度增强差异的倍率,弥补
乡村价值认同核心空间普遍的不足,如景坞村社区中心以较大体量控制了景坞村整体领域,
该体量与整体基地的气场相互匹配(图 5-20、图 5-21)。

图 5-18　郭吴村卫生院西立面图　　　　图 5-19　郭吴村卫生院总平面图

(图片来源:贺勇.来自郭吴的消息:十二楼建筑工作室作品集[M].南京:东南大学出版社,2020.)

图 5-20　景坞村社区中心鸟瞰图　　　　图 5-21　景坞村社区中心透视图

(图片来源:贺勇.来自郭吴的消息:十二楼建筑工作室作品集[M].南京:东南大学出版社,2020.)

(3)服务综合配套与功能共享辐射

公共建筑的功能设计既需要满足"小微田园综合体"内部,也需要尽量满足"小微田园综
合体"外部对它的部分功能共享需要,在两个层面考虑公共建筑的功能设计,实现设计倍增
效应。

① 服务综合配套:公共建筑配套不仅需要弥补之前的功能缺失、满足村民的新需求,
还应适度地考虑未来的潜在需求。以笔者所在课题组碧门村社区服务中心实证研究为例,
其基本功能包括门厅、服务厅、办公室、会议室、活动室、警务室等,针对前期抽样调查中村民
购物与阅读的需求,还配套设置了超市与图书室。同时,考虑到主体组织和产业发展,针对
成立合作社和开辟旅游业的可能性,特别设置了合作社金融服务点、展览室与一定比例机动
空间[1]。

② 功能共享辐射:接待中心、社区服务中心等公共建筑不仅承担着各项具体服务功

<hr>

① 钱振澜."韶山试验":乡村人居环境有机更新方法与实践[D].杭州:浙江大学,2015.

能,而且还扮演着乡村形象和精神空间等重要角色。江南地区乡村"小微田园综合体"周边的服务综合配套和功能一般相对滞后,在充分考虑资源边际成本的基础上,应适度共享资源、照顾周边地区,适度提高卫生院、小学教学楼、民宿等公共建筑的容纳标准与功能设置。

5.3.3　产业融合的适应性与微活化营造

（1）产业优化下的空间适应性营造

"适应性营造"的概念来源于建筑设计与产品设计的范畴[①],指在现实基础上挖掘有利因素,进行局部优化,以维持复杂系统整体的动态平衡。基于乡村产业的"空间适应性营造"概念,即将乡村第一、二、三产业的经济资源、社会结构、物质环境与文化价值等要素相互协同,促进产业在自我提升的同时与空间形态、文化形态、真实生活紧密联系、与时俱进,将现代营建理念融合到传统发展模式中。

在产业链纵横延伸的经营模式下,产业融合的"空间适应性营造"需要重点考虑两个方面:

① 在优化传统产业、促进多样产业形成的基础上,如何结合乡村物质空间合理布局"小微田园综合体"产业[②]。

② 如何将"小微田园综合体"中的闲置住宅、院落与土地等要素与产业发展有机融合,提高空间利用率。

利于产业融合的乡村"空间适应性营造"实践需要对物质资源条件与历史文化沉淀进行分析,基于既有产业领域与空间格局进行针对性调整与修改,创造具有显著产业特色的"小微田园综合体"风貌。

以笔者所在课题组在遂昌县上下坪村基于产业融合的"空间适应性营造"的实证研究为例。上坪村和下坪村的营建现状存在一定差异性:上坪村车行系统连贯,已经形成闭环,但是局部坡度较大;下坪村车行系统不连贯,仍然存在道路通行瓶颈。上下坪村道路附属设施均不足,缺少停车场;人行系统皆保留完整,形态随着村庄肌理自然生长,呈现不规则网状格局,局部道路仍然保留了传统石路,呈现出精致感与历史感;上下坪村的老建筑普遍建设于20世纪20年代,多采用1至2层的黄色夯土结构,尽管质量较差,却具有重要文化价值;上下坪村新建筑建设于20世纪80年代经济发展时期,多采用3至4层的砖混结构,质量好,内部卫生设施完善;上下坪村总面积小,公共空间少,但是公共空间均集中于上下坪村中心,是村民日常交流的场所,也是晾晒场与停车场。

因此,课题组在提炼上下坪村产业模式之后,选择了特色区域进行相匹配的产业主题策划,将"小微田园综合体"模式与地形地貌、空间环境、主体特征等进行了综合组织。同时,根据既有公共空间的分布特点,规划机动车、非机动车和服务设施的空间结构,以产业融合为中枢,逐步指导利于产业融合的"空间适应性营造"的规划结构形成[③]（图5-22）。

①　谭良斌.西部乡村生土民居再生设计研究[D].西安:西安建筑科技大学,2007.

②　徐小东,张炜,鲍莉,等.乡村振兴背景下乡村产业适应性设计与实践探索:以连云港班庄镇前集村为例[J].西部人居环境学刊,2020,35(6):101-107.

③　傅嘉言,王竹,孙姣姣,等.江南地区"小微田园综合体"产业策划与设计策略[J].华中建筑,2020,38(5):44-47.

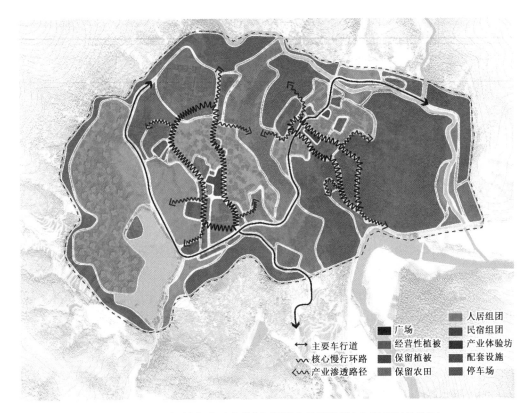

图 5-22   上下坪村产业融合的"空间适应性营造"的空间规划结构图
(图片来源：作者绘制)

(2)"产业—景观"的微活化保护

"产业—景观"格局是乡村地域特色在宏观尺度的体现，"产业—景观"的活化保护不仅能够为第三产业发展提供宏观吸引力，而且可以为经济生产提供生态安全保证。

下坪村古树为国家一级名木，是历史见证，也是名胜佳景，它位于该村横纵主轴线交错中心附近，通过结合周围景观、修复既有公共服务设施与激活废弃空间，进一步提升古树在该村的空间地位。

以古树为中心向南向北分别延伸，凭借起伏地势，从北到南、从高到低依次谱写以"夯土民居聚落"为序幕、以"茶籽晾晒广场"为铺垫、以"古树环绕"为高潮、以"河、田、竹交织"为尾声、以"精品民宿"为华彩的空间乐章(图 5-23)。秋季，下坪村第一产业茶籽种植、晾晒作为特色生产景观；冬春夏季，晾晒区域作为村民集散广场，在时间、空间上混合利用。产业景观的微活化保护将"生产、生活、生态"综合组织为带状序列空间，使本地村民在能够安居乐业的同时，吸引外地游客进行本地消费，促使老村得到微活化保护，不断进行新陈代谢、有机更新，提升"小微田园综合体"的整体价值①。

①   傅嘉言，王竹，孙姣姣，等.江南地区"小微田园综合体"产业策划与设计策略[J].华中建筑，2020,38(5)：44-47.

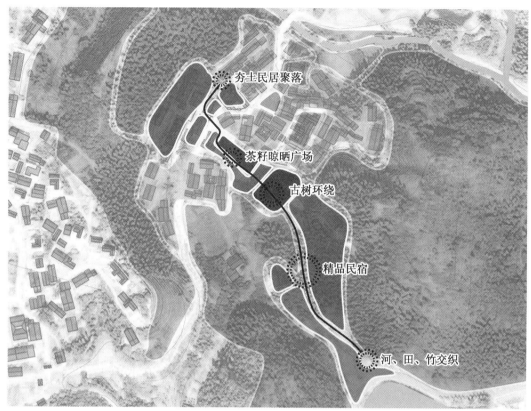

图 5-23　下坪村"产业—景观"微活化保护带状序列平面图

（图片来源：作者绘制）

（3）"产业—文化"的沉浸式传承

不同阶段的传统、风俗、习惯、禁忌，往往是处理特定自然、特定产业关系的智慧积累，渗透在日常生产、生活中，世代相传。"产业—文化"的挖掘或产业结构的更新，也是沉浸式教育的一种传承新形式。

下坪村南部，将溪鱼、溪鸭、茶叶、茶籽、竹林等第一产业农业与晾晒场、榨油坊、炒茶坊、酿酒坊等第二产业手工业分别作为小型"产业单元"，共同组合成为产业文化沉浸式体验区，将旅游者的身份从旁观者转化为参与者。根据不同体验区的实际需求，辅助设置餐饮、购物、休闲与教育等配套场所空间，增强产业文化体验丰富性和沉浸感。

以茶籽油、稻米产业体验为例，儿童收割茶籽和稻米之后，经过烦琐的工序才成为可以吃的粮食，使儿童能够深刻地理解珍惜粮食的原因。这种乡村"产业—文化"体验区除能够提供钢筋混凝土森林城市无法提供的乡村沉浸式体验外，还能够对城市儿童起到良好教育作用，甚至能够在体验结束之后，将一次性的消费转化为具有高度黏性的长期消费，也能够推动"小微田园综合体"农产品电子商务业的持续经营。

下坪村北部，由南向北依次将"徐王庙""毕氏宗祠""毕氏香火堂""古坪议事厅""潘氏宗祠"与"元朝石桥"串联为传统"文化—产业"线，将"潘氏宗祠"与"古坪议事厅"局部改建为精品民宿,通过情景叙述和居住体验的方法将传统香火文化以大众容易理解的形式呈现出来,增强故事性、活化乡村传统血液的同时,保存乡村烟火气息①(图 5-24)。

　　"艺术—产业"也是"产业—文化"的沉浸式传承的一种高级途径。上坪村是我国当代画家、音乐家毕瑞的故乡,具有发展"艺术—产业"基因。随着社会体制的转型和西方艺术观念的影响,一些青年画家不断尝试在传统艺术外寻找新发展。在上坪村南部,设置了丹青"艺术—产业"区文化走廊:青年旅舍、画具零售、展览厅、创作室(图 5-25),艺术家与学生长期或短期驻扎在上坪村进行创作,增强了多元主体形成的社群凝聚力,通过相互交流、思维碰撞,获得新灵感。

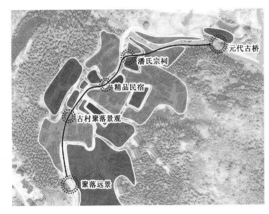

图 5-24　下坪村"产业—文化"体验线

(图片来源:作者绘制)

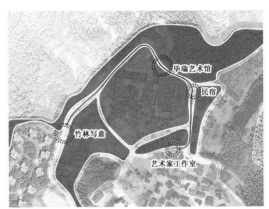

图 5-25　上坪村"艺术—产业"体验线

(图片来源:作者绘制)

5.4　"主体—产业—空间"耦合下的模式引导和有序营建

5.4.1　乡村"小微田园综合体"的营建原则

　　(1)整体性原则——协同联动

　　乡村"小微田园综合体"是"主体、产业、空间"三个属性共同构成的综合系统。当三者相互适应达到动态平衡时,系统整体将向健康方向发展;当三者中的某一个属性发生了变异,就需要进行干预,调整系统方向,最终实现系统永续发展。营建过程需要在研判和维护场地信息完整性的基础上,通过整体的视角给予把握。

　　整体性原则的实施是通过整体的视角进行系统管理与优化,使"小微田园综合体"向有序方向发展。有序程度是衡量"小微田园综合体"营建是否达到协同状态的核心参量指标,也是在协同理论下进行乡村营建研究的本质。乡村作为一个多要素构成、排列的综合体系,将其要素排列、空间组织与功能结构合理统筹起来,必然需要遵循一定规则与秩序以维持和

———————————

① 傅嘉言,王竹,孙姣姣,等.江南地区"小微田园综合体"产业策划与设计策略[J].华中建筑,2020,38(5):44-47.

规范整体行为。

乡村的空间环境真实地遵循着历史规则,深刻地反映着乡村内在真实的形式特征,乡村在未来的状态也不会完全随机。不论是未经历规划根据地形地貌格局和在地生活条件自然发展的传统乡村,还是规划框架下符合时代需求的现代乡村,都体现了乡村形成与发展过程中的规律与痕迹。因此,乡村"小微田园综合体"的营建既需要符合自然环境发展的规律,又需要彰显规划与约束的痕迹,它的整体性原则是综合自然规律与统筹约束痕迹,使乡村"历史状态、现代环境、未来愿景"实现协同联动。

（2）灵活性原则——动态应变

在乡村"小微田园综合体"的开放状态下,城乡之间的要素流动不断趋于自由与频繁,系统外部的不确定性也在不断增强。乡村营建的诸多问题无法在营建开始时就完全确定,也无法准确预判营建过程中会发生什么[①]。因此,预判式的策略或终极蓝图式的规划不足以使"小微田园综合体"具备抵抗外部环境波动和变化的能力。

灵活性原则的实施是将"信息输入—适应调整—规则输出"的三个步骤纳入"小微田园综合体"的营建过程。当外部环境发生波动和变化时,针对各项营建策略进行因地制宜、因时制宜、因例制宜的调整,提高"小微田园综合体"的快速应变能力,使系统从无序向有序、低序向高序发展。然而,乡村营建是一个灵活又缓慢的过程,即使在面临波动和变化时具备快速应变能力,也仍然需要在营建过程中进行很多沉淀和消化。

（3）内生性原则——主动适应

在协同理论中,系统在和外部环境进行物质、能量与信息交换时,会根据系统本身存在和运行的条件,主动适应某种最合理的结构形式或主动选择最便捷的运动路径,使系统产生整体协同的趋势[②]。

主动适应是指"小微田园综合体"的不同要素都能够主动与外部环境进行交互作用,要素在这种持续不断的交互作用下,不断学习和积累经验,并根据这些经验改变自身结构形式或运动路径[③]。人是这个交互过程中最重要的部分。人具有能动性与创造力,他们在主动分析乡村社会基础、经济条件与空间环境基础上,能够结合自身的需求与行为,以规划、设计、建造、管理等方式参与环境适应的过程中。对"小微田园综合体"营建活动而言,人既是环境的影响者,又是环境变化的响应者。人在乡村中的营建活动和生活方式,都可以作为人与环境彼此适应的信号,是人长期持续影响环境、适应环境的行为依据。

5.4.2　"点穴建序"和"内生驱动"的营建方法

"小微田园综合体"涉及领域多维,营建过程具有渐进性。它的协同营建需要在整体思维、尊重和维护场地信息的基础上,通过"点穴建序[④]"的路径给予把握。

---

①　王磊,孙君,李昌平.逆城市化背景下的系统乡建:河南信阳郝堂村建设实践[J].建筑学报,2013(12):16-21.

②　王敏.城市风貌协同优化理论与规划方法研究[D].武汉:华中科技大学,2012.

③　刘明广.复杂群决策系统协同优化方法研究[D].天津:天津大学,2007.

④　杨贵庆.乡村振兴战略背景下高校参与乡村建设行动的优势与启示:以浙江省黄岩区乡村振兴实践为例[J].西部人居环境学刊,2021,36(1):10-18.

"点穴建序",即在乡村营建中考虑过程的渐进性,将乡村"小微田园综合体"某个子系统或要素作为营建"序参量",带领其他子系统或其他要素联动营建,使"小微田园综合体"在渐进的机制下,最终达到新动态平衡。在"小微田园综合体"营建过程中,避免"大拆大建",摒弃"大规模、大区域"的营建方法,在营建前期统一规划下,选择"分节点、小规模、微活化"等"针灸①"营建手段,将"点"串联为"线",最终统一为"面"。

以笔者所在课题组在浙江省湖州市安吉县鄣吴村的营建实践为例(图5-26)。小农、村集体/村两委、地方政府、工商资本、社会精英先形成利益平衡的"团结乡建"组织机制,共同投入一笔资金提升和完善鄣吴村的公共基础设施,如公共厕所、垃圾站、卫生院、公交站、道路交通等小微设施,以提升村民日常的生活质量②;村民对乡村环境满意度随着公共基础设施的完善而显著提升,日常生产和生活也发生了改变,产业从纯农业种植逐渐向书法、扇等艺术相关产业转化,吸引了很多年轻村民陆续回到家乡发展,子承父业,密切结合江南地区竹文化、佛教文化,以新思路经营书法、扇等传统产业;公共基础设施的改善和村民第二产业收入的提升,吸引了很多游客到现场参观和体验制作过程,不仅使昌硕广场、书画馆的利用率显著提升,还使鄣吴村应运而生了餐馆、农家乐、民宿等第三产业,为更多村民提供了效益,形成了"主体、产业、空间"的营建闭环。

图 5-26   湖州市安吉县鄣吴村鸟瞰图

(图片来源:课题组摄制)

"内生驱动",即乡村营建在"主动适应"操作中,应从乡村内生需求出发,避免采取简单"头疼医头、脚疼医脚"的方式。现代乡村营建中多以各种分散的小微项目作为活化乡村整体营建的关键参量,项目资金与项目管理往往来源于不同部门或资本。如果"小微田园综合体"能够具有内生驱动力,不完全依赖外部的资金与管理,那么就能够将各种资源根据内生需求进行消化和优化,就能够掌握营建的主动权,实现在功能上真正需要、在建筑风貌上真正协调、在运营上真正统筹的营建结果,也能够有条不紊地完成公共基础设施的配套、历史建筑的保护、街巷空间的梳理,避免了资金、管理与需求不匹配导致的诸多矛盾。

以鄣吴村"不归须民宿"为例(图5-27),"不归须民宿"不是民宿,却胜似民宿。"不归须民宿"位于昌硕广场东侧,原来是村委会建筑,"江南扇王"、国家级非物质文化遗产代表性传

①   吴盈颖,王竹.城市针灸:贫民窟"再生"的催化研究[J].华中建筑,2016,34(1):29-33.
②   贺勇.鄣吴十年变迁[J].建筑技艺,2020,26(12):64-71.

承人徐义林的儿子将该建筑进行了改建,一层有扇制作体验、扇文化展示、扇产品销售等多种功能,二至三层为五间客房。目前,郡吴村的旅游业还未形成规模,徐义林的名声为民宿提供了稳定的客源,经营状况良好。其中,徐义林的孙女是90后返乡大学生,除照顾民宿生意外,一边学习扇制作,一边运营淘宝店铺,通过新渠道为"不归须民宿"吸引客源。其中一些客源是徐氏扇生意上的固定合作伙伴,如上海、天津的老板都在徐氏批量采购扇,一次停留一至两天,"不归须民宿"是他们的固定落脚点。

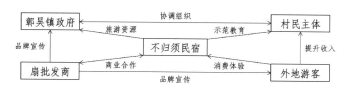

图 5-27　"不归须民宿"网络图

(图片来源:课题组绘制)

"不归须民宿"将扇产业与旅游业融合,成为乡村联系村民、制作商、批发商、外地游客等多元参与主体的公共平台,得到了郡吴镇政府多方位的引导和扶持。如今,"不归须民宿"已经成长为郡吴村的知名旅游品牌,微信公众号平台"浙江郡吴"多次发布相关消息与活动。多年运行下来,"不须归"成长为"斜杠"民宿,获得了"郡吴镇红领巾之家""扇艺实践基地和郡吴镇团小组之家""青年文创园"等多个头衔。

在十年郡吴村营建实践中,小微设施在活化乡村日常生产和生活上,起到了"点穴建序"的重要作用,不仅促进了乡村艺术的熏陶和培育,还塑造了乡村建筑的新风貌,给郡吴村长远、健康的乡村振兴提供了原动力。如何利用乡村基础设施、旅游设施等塑造地方特色,关键在于如何真正体现乡村性。郡吴镇郡吴村社区中心、卫生院、"不归须民宿"等,似乎都刚好涵盖了这些方面,给江南地区乡村"小微田园综合体"的精准营建提供了极好样本。

5.5　本章小结

乡村"小微田园综合体"的营建,是一个复杂、综合、长期的过程。本章节从"主体联合""产业融合""空间整合"及三者耦合等四个方面论述了"小微田园综合体"的协同营建策略。

① 在"主体联合"下利益平衡的组织机制层面,强调话语守护下小农组织化的重要性,包括小农主体话语权在场和组织化赋权内生营建等两个核心;关注价值延续下村集体再造的作用;通过精英参与下陪伴式营建的方式,处理协同营建过程中的阶段性矛盾与需求。

② 在"产业融合"下多元灵活的运营模式层面,强调锚定地方特色产业,提出产业链纵横延伸策略,增强小微高质量产业的联动,进行精细化生产。

③ 在"空间整合"下适应协同的设计策略层面,尊重江南地区细碎化地形地貌格局,提出建造技艺在地途径,提出利于多元主体交往的公共性空间设置与产业融合的适应性与微活化营造等策略,为指导乡村实践过程中协同目标的强化提供依据。

④ 在"主体—产业—空间"三者耦合下的模式引导和有序营建层面,针对"主体、产业、空间"属性之间存在定位和边界模糊的可能,提出乡村"小微田园综合体"的营建原则和"点穴建序""内生驱动"的营建方法。

6 江南实验:"璞心家庭农场"的探索与营建

6.1 案例选取与营建目标

6.1.1 案例选取背景

本书立足于江南地区自然、社会、经济与环境的现状,选择浙江省湖州市璞心家庭农场作为研究案例。通过对江南地区乡村人居环境的调查研究,综合把握该地区特定自然生态、社会文化、经济资源、生活方式、营建技术等要素,构建协同的营建方法与科学的技术体系。

同时,在协同理论研究的基础上,进一步强调协同营建中的主体利益平衡性、产业多元灵活性、空间适应协同性,争取在"小微田园综合体"的理论创新、实践创新、方法创新等方面做好试点,积累经验,探索规律,为江南地区甚至全国乡村振兴目标做贡献。

璞心家庭农场位于浙江省湖州市吴兴区埭溪镇,邻近老虎潭,地理位置优越,交通便利,经济发达,城乡发展较协调。该地区地形地貌多元,生态环境良好,农业资源丰富,产业结构与宜居品质优良。

因此,选择璞心家庭农场作为研究"小微田园综合体"的实践案例,在江南地区乡村经济发展方面具有重要范本价值与现实意义,研究成果能够对乡村的需求与营建起到一定引导与支持作用。

6.1.2 营建目标

通过"小微田园综合体"实现"社会、经济、环境"子系统的协同是乡村营建的重要目标。因此,璞心家庭农场研究的重点在于把握"小微田园综合体"模式的营建过程,协调考虑自然、社会和经济等条件,提出"小微田园综合体"营建的实施路径,以该试点实践为"小微田园综合体"协同营建的理论与实践积累经验、探索规律。

① 通过田野调查、文献收集、人物访谈等方法,提取璞心家庭农场核心要素与需求,分析潜在机会与风险。

② 明确璞心家庭农场的多元参与主体,在保证小农话语权的前提下,根据"小微田园综合体"协同营建的认知框架,构建璞心家庭农场"团结乡建"模式。

③ 基于"团结乡建"的创新机制与"小美合作社"的支持模式,定制符合璞心家庭农场地方特色的小微规模、高质量的产业链纵横延伸策划。

④ 基于农场地形地貌的细碎化格局和特征,进行利于多元主体交往的公共性空间设置和利于产业融合的适应性与微活化营造,强化空间适应协同的设计策略。

总之,根据实际需求与经济状况,分阶段、分步骤推进营建过程,在营建策略上及时进行动态调整,完成"小微田园综合体"的协同营建。

6.2 场所信息提取与把握

6.2.1 场所要素特征提取

① 自然环境特征

璞心家庭农场处于江南地区杭嘉湖平原水网地带,河湖交错、水网纵横、水资源非常丰富。农场地势南低北高,地形高差起落小,相对平缓;农场北侧被群山怀抱(图 6-1),自然景观整体为山水交融,是农场的显著特征与优势所在。

璞心家庭农场所在吴兴区埭溪镇在气候上属于典型亚热带季风类型,受到太平洋季风影响,冬夏长、春秋短,四季分明,雨量充沛,空气湿润,日照充足。气候温和,冬无严寒,夏无酷暑,年平均气温为 15.8℃,最冷月平均气温为 3.1℃,气温变化幅度在 ±0.5～0.7℃。年日照时数约为 2 100 h,无霜期为 224～240 d。降雨量为 1 458 mm,3～9 月为年降雨集中期,占据总降雨量 75% 以上,降雨分布特点为夏季最多,冬季最少,春季多于秋季。璞心家庭农场的气候整体为雨热同季、光湿同步,素有"鱼米之乡、丝绸之府、茶竹之地"的美誉①。

图 6-1 璞心家庭农场自然景观

(图片来源:农场摄制)

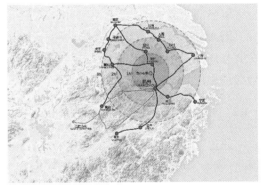

图 6-2 璞心家庭农场区位条件

(图片来源:作者绘制)

② 区位市场特征

璞心家庭农场处于湖州市与杭州市的交界地带,与上海市中心距离 160 km(车程 2 h),与杭州市中心距离 25 km(车程 40 min),区位优势明显。水陆交通均便捷是璞心家庭农场很大的优势。农场所在山背村位于埭溪镇西南 5 km,老虎谭水库下游,埭芳公路、宣杭铁路均在埭溪镇域范围交会通过,到达湖州市各个景点的交通均较便利(图 6-2、图 6-3)。

① 傅嘉言,王竹,钱振澜,等.江南地区精准乡建"基本单元综合体"策略与实践:以浙江湖州"璞心家庭农场"为例[J].城市建筑,2017(10):14-17.

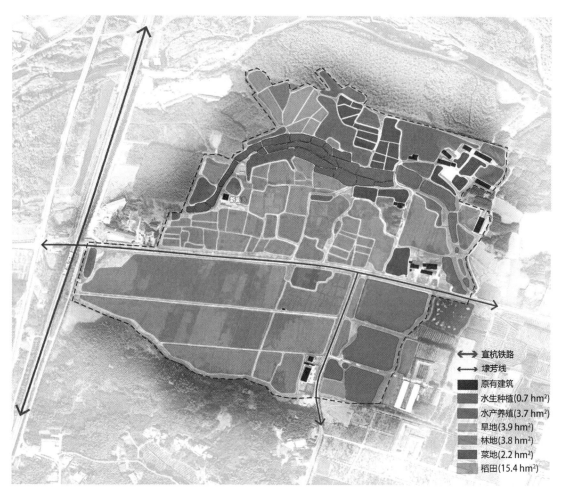

图 6-3　璞心家庭农场空间结构现状图

(图片来源：作者绘制)

　　从休闲旅游业需求来看,湖州市作为上海黄浦江源头,素有"极目千里秀,林木十里深"的美誉,群山逶迤,异峰突起,是江南地区发达城市休闲旅游的重要目的地,整体旅游市场前景大。农场附近拥有金山寺、营盘山遗址、龙山墓葬群、太湖旅游度假区、军史陈列馆等旅游景点,面临较大旅游竞争。随着璞心家庭农场登陆《舌尖上的中国 3》,农场在江南地区甚至全国范围的知名度得到了极大提高,旅游竞争力得到了大幅度提升,且农场被纳入了湖州市吴兴区旅游经济圈,实现了资源联手。

　　从优质农产品的需求来看,江南地区发达城市的中产阶级数量大,具有对优质农产品强大的需求和购买力。璞心家庭农场依托苏浙沪地区发达的电子商务平台、物流网络、"互联网＋"等途径,尤其是牵手浙江大学建筑工程学院乡村人居环境研究中心、浙江大学小美合作社之后,农场受到有力带动,优质农产品发展前景较好。

③ 社会文化特征

璞心家庭农场是实践自然农耕的家庭农场,农场主王陆良和他的家庭成员直接参与全部生产劳动,把握整体生产流程,保障优质农产品质量。种植过程中,自然农耕遵循大自然法则,以维护土壤生机的培育方式为基础,绝不使用任何化学肥料、农药和各种生长调节剂以及任何能够残害土壤的添加物。

在中国传统文化中,一些知识分子将"半耕半读"作为日常生活方式,将"耕读结合""耕读传家"作为价值取向,形成了一种耕读文化。璞心家庭农场的耕读实践与家庭成员的人格魅力,吸引了很多对传统耕读这种濒临消失的种植方式感兴趣的社会精英(图6-4)前往参观、学习、体验,成为消费者,他们甚至成了股东,都乐意免费为璞心家庭农场做宣传。

璞心家庭农场信仰"修行很漫长,大地安好是所有生命的福报"(图6-5),以稳健的脚步,不期望一蹴而就、一步登天,耐心积累智慧,悉心成就果实,在非物质文化方面,具有发扬价值。

图6-4　璞心家庭农场农事体验合影
(图片来源:农场摄制)

图6-5　"大地安好是所有生命的福报"题词
(图片来源:中央电视台)

④ 产业经济特征

目前,经过土地流转,璞心家庭农场由 0.23 km² 耕地面积、0.032 km² 林地面积与 1 200 m² 建设用地面积构成(图6-3、图6-6、图6-7),在"小微田园综合体"营建范围之内,适合小农组织化主体进行经济作物经营。农场产业以农业为主、以畜业为辅,有少量加工业、旅游业和文化业处于起步阶段,综合发展水平总体处于中等水平,在小范围具有一定知名度。其中,农业以种植业和养殖业为代表,以稻米为主打产业(图6-8),并种植一定量的蔬菜,养殖土鸡、水鸭、鱼类等(图6-9)。逢年过节,农场将稻米制作为糍粑、年糕等农副产品,通过璞心家庭农场的微店和浙江大学的"小美合作社"进行统一的销售①。

---

① 傅嘉言,王竹,钱振澜,等.江南地区精准乡建"基本单元综合体"策略与实践:以浙江湖州"璞心家庭农场"为例[J].城市建筑,2017(10):14-17.

图6-6　璞心家庭农场鸟瞰图(1)
(图片来源:农场摄制)

图6-7　璞心家庭农场鸟瞰图(2)
(图片来源:农场摄制)

图6-8　璞心家庭农场稻米种植
(图片来源:农场摄制)

图6-9　璞心家庭农场水鸭养殖
(图片来源:农场摄制)

6.2.2　建成环境现状解读

① 基地格局与现状用地

璞心家庭农场的用地面积为 27.1 hm²,建设用地面积为 0.12 hm²,位置主要集中在农场东北侧与南侧,地势较平缓。用地类型主要有水系、耕地、旱地、林地、居住与生产、加工储藏等。其中,水系与耕地面积比例最高,居住用地与商业用地主要处于农场中心或边缘位置,以散点形态零星分布在水系与耕地之间。工业用地处于农场东南侧,位置相对较独立(图6-3)。

从基地东西方向穿过的埭芳公路将农场基地一分为二。农场北侧建筑、道路和环境有机融合成为乡村自然格局肌理,自由生长,自发营建,呈现丰富的空间形态和真实的生活状态,直接反映了村民对场所的归属感和认同感,折射了村民与场所之间的紧密联系;南侧耕地、水系较为平整,通过网状道路彼此联通,一共有 18 个排水渠,利于进行适度规模化和组织化的播种、浇水、排涝,方便统一管理、促进农产品产量。

随着产业发展的调整与经济需求的变化,这种自然格局在与现代生活对接时产生了一些不适应现象。机动车逐渐普及,成为村民出行的普遍交通工具,也成为上海、杭州游客前往农场的主要交通方式,但是,当前道路系统普遍较窄,甚至无法满足消防安全的最低要求。除埭芳线与基地极小部分道路被硬化外,其他道路均为土路,雨季甚至为泥泞路,导致农场生产、生活受到严重影响。

此外,虽然埭芳线与基地东侧交叉口处设置了一定临时停车用地,整体停车用地仍然缺乏,不仅无法满足实际停车需求,而且停车之后距离璞心家庭农场核心建筑群体仍然具有较长步行距离。村民生活状态的不断变更与市民生活需求的持续增长,却未使村民获得同步衔接自然环境、公共服务、基础设施、土地利用的能力,难以满足日益增长的现代生活需求。

②　建筑单体与相关设施

2011年开始,璞心家庭农场已经进行了部分针对人居环境的改善营建,一定程度上提升了农场成员的生活水平。但是,由于产业经济发展水平的提升,农场成员对乡村建筑的需求,从满足基本生活功能向实现综合功能发生了转变。

现状建筑单体与相关设施的质量参差不齐,可以分为好、中、差三个等级,质量好的建议保留,质量中的建议整治,质量差的根据情况进行拆除。由于年代和功能不同,建筑风格差异大,生产建筑层数一般为1~2层(图6-10),居住建筑层数一般为2~3层(图6-11);建筑屋顶均为坡屋顶,双坡形式占据大多数;屋面色彩主要是红色(图6-12)或褐色;墙面材料主要是涂料或面砖(图6-13),灰白色构成农场主体色彩;此外,一些位置残留少数夯土墙、石头墙(图6-14、图6-15)等不完整片段,色彩为黄色,与年代较新建筑的明度和彩度形成对比。

图6-10　璞心家庭农场食堂建筑
(图片来源:课题组摄制)

图6-11　璞心家庭农场居住建筑
(图片来源:课题组摄制)

图6-12　璞心家庭农场红色屋面住宅
(图片来源:课题组摄制)

图6-13　璞心家庭农场生产建筑
(图片来源:课题组摄制)

图 6-14　璞心家庭农场夯土墙

(图片来源:课题组摄制)

图 6-15　璞心家庭农场石头墙

(图片来源:课题组摄制)

6.3　"主体联合"下利益平衡的组织机制

6.3.1　"团结乡建"模式下的主体互助

主体互助,是璞心家庭农场协同营建深化的认知前提。基于此,璞心家庭农场团结了多元参与主体,构建了"小农主体、政府引导、技术支撑、资本助力、社会参与"的"团结乡建"模式下的协同机制(图 6-16):

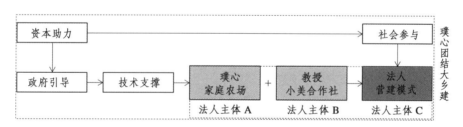

图 6-16　璞心家庭农场"团结乡建"的机制构建路线图

(图片来源:课题组绘制)

① 以村民和农场家庭成员为核心主体,保证他们在"璞心家庭农场"的"主体联合"模式中始终具有充分话语权,在农场产业经济策划与空间环境策略等方面具有表达需求、提出建议和进行决策的权利。

② 以埭溪镇政府与村集体为引导,根据自身辖区农业客观条件的现实家底,对乡村振兴战略进行在地诠释,不照搬所谓经验,杜绝挖山填湖、破坏自然、张冠李戴等现象发生,重视改善农田水利、人居环境,以鼓励性政策、示范点支持等方式把握和引导"小微田园综合体"营建的整体节奏和方向。

③ 以高校各个涉农专业与科学技术为支撑,组织以浙江大学各个涉农专业教授为主体的科学技术队伍,弥补小农主体在乡村营建中的劣势与不足,协调公众参与、平衡各方利益、传达规划理念,提出协同、适宜的产业运营与维护的模式及空间营建的策略与方法。

④ 以社会资本为助力,通过社会资本将璞心家庭农场附近土地进行流转,盘活土地资

源,打破农业种植不会提升产业附加值的窘境,发展创意农业、改善居住环境、提升相关设施。由于璞心家庭农场规模属于小微级别,所需要的实际资本额度不大,因此能够保证农场主和农场成员始终不被剥夺优先话语权。

⑤ 以社会参与为补充,消费者基于自然农耕理念的价值认同与璞心家庭农场建立精准联系,"互联网+"和"粉丝经济"等能够使消费者通过产品、种植、采摘、观光、耕读与住宿消费或体验增强他们与农场之间的黏性①。

以"璞心家庭农场+小型社会资本"为形式成立公司,由专业人士分别提供产前、产中、产后服务,协助融资采购机械器材、协助优化包装设计、协助宣传农场实时通信、协助申报农业补贴等,代表农场进行议价、营销或参展活动;通过"小美合作社""舌尖上的中国"等第三方平台,打造"璞心"的知名度、提高农产品附加值、增强农产品曝光度,将这些第三方平台的流量转化为"璞心家庭农场"的流量,现象级提高消费群体数量。

总之,在营建过程中,小农话语权是否被守护、村集体价值是否被延续是判断"小微田园综合体"多元主体是否利益平衡的关键;在营建结果上,小农收入水平是否提高、产业运营与维护状况是否持续、空间环境条件是否改善,是判断"小微田园综合体"协同机制是否有效的核心。

6.3.2 "小美合作社"支持下的小农激励

在"璞心家庭农场"的营建中,课题组将"精准助农"作为"小微田园综合体"营建的切入点。"团结乡建"小农互助的组织机制能够将农场松散化的小农主体、地方政府、技术力量、社会资本整合起来,此外,还需要依托浙江大学"小美合作社"平台,为农场精准对接更多的终端中产消费者(图6-17),使"生产—消费—再生产"在营建中形成一个健康、良性发展的闭环。

2016年,课题组针对"璞心家庭农场"进行了"小美合作社"模式导向下的"精准助农"实验。"小美合作社"支撑了农场以生产的"小"规模和农产品高质量的"美"为原则,将"自然农耕"的江南传统理念传播到浙江大学相关教职工、校友之间,在能力范围内帮助"农民—市民"实现了"生产—销售"的"点对点"精准对接。"小美合作社"基于微信群和微信公众号等渠道,通过公开推荐、规范执行、社群营销、消费保障等互信机制,为中产市民提供了优质农产品,提高了农产品市场议价能力、促进了农场增收②(图6-18)。

图6-17   "小美合作社"社群机制图

(图片来源:作者绘制)

———————————

① 王竹,孙佩文,钱振澜,等.乡村土地利用的多元主体"利益制衡"机制及实践[J].规划师,2019,35(11):11-17.

② 傅嘉言,王竹,钱振澜,等.江南地区精准乡建"基本单元综合体"策略与实践:以浙江湖州"璞心家庭农场"为例[J].城市建筑,2017(10):14-17.

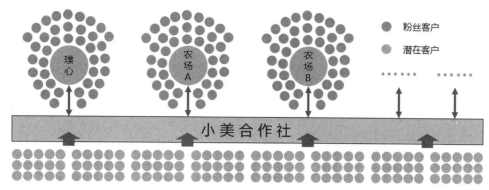

图 6-18　浙江大学"小美合作社"模式图

（图片来源：作者绘制）

① 公开推荐。通过微信公众号平台进行实名公开推荐。推荐文章包括农民信息、种植故事、检测报告、价格、物流、推荐人、品鉴人、消费保障等内容（图 6-19）。

图 6-19　浙江大学"小美合作社"公开推荐文章截图

（图片来源："小美公众号"公众号①）

① https://mp.weixin.qq.com/s/9t7bKUDi0grVDJK-3g3_BA

② 规范执行。浙江大学"小美合作社"在重视安全检测报告结果的基础上强调口感,能够严格符合这些要求的产品少之又少。"璞心家庭农场"农产品需要通过 5 项重金属、200 余项农药残留指标的检测,检测结果需均为"未检出"(图 6-20)。检测费的市场价格一般在3 000元以上,针对全部符合"小美合作社"要求、最终上架推荐平台的产品,"小美合作社"将帮助他们承担 50% 的检测费,最大程度降低农民运营成本。"小美合作社"发挥利他主义精神,允许甚至鼓励农民同时和其他渠道合作,而且同意将检测报告免费提供给这些渠道,最大程度促进农民增收。

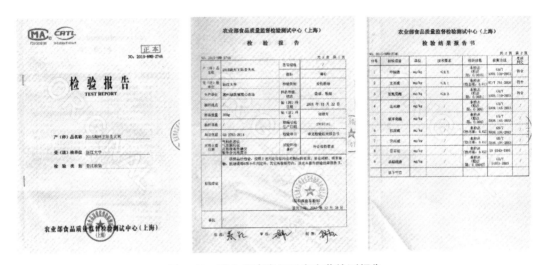

图 6-20　璞心家庭农场稻米农药检测报告

(图片来源:"小美公众号"①)

③ 社群营销。市民通过微信公众号了解产品基本信息,进入微信群也能够进行沟通。在"小美合作社"与璞心家庭农场的合作中,农场通过微信群发布实时种植情况、生长过程、收获信息、耕作知识和接待信息,市民通过微信群发表对农产品包装、物流、新鲜度、口感等评价和优化建议。在这个过程中,透明的沟通机制促进了对农民种植过程的监督,农民也形成了对市民的责任心和对自身的信心,降低了大型农业企业需要大量投入的监督成本。生产过程的清晰、透明,增强了农民和市民彼此之间的黏性②。2016 年,通过"小美合作社"平台进行销售的璞心稻米销售额增长 40 020 元,85% 的收益均为农民所得,大幅度促进了农民增收;15% 的收益为维持"小美合作社"日常基本运营与农民检测费补贴费用。随着消费者的积累,璞心稻米销售额连年增长。

④ 消费保障。生鲜产品具有特殊性,对物流时效要求高,即使农民将包装处理得很好,在运输过程中,也不可避免遇到一些意外情况。"小美合作社"客服将全权仲裁这些情况,针对农民不具有责任的意外事件,"小美合作社"将一边维护农民合理权利,一边为消费者提供

---

①　https://mp.weixin.qq.com/s/9t7bKUDi0grVDJK-3g3_BA

②　徐丹华.小农现代转型背景下的"韧性乡村"认知框架和营建策略研究[D].杭州:浙江大学,2019.

售后服务保障。通过"小美合作社"的运营,提高了璞心家庭农场在中产阶级市民中的知名度,扩大了具有持续购买能力的黏性粉丝群体,为农场持续经营、实现扭亏为盈提供了基础支撑。

6.4 "产业融合"下多元灵活的经营模式

6.4.1 特色稻米产业链延伸("1+N")

"璞心家庭农场"传统农业产业链过窄与过短的特点,极大地限制了农业自身获利的空间。本书锚定"璞心家庭农场"依赖程度最高、最具有特色的稻米产业,针对"1+N"的模式,进行产业链上下游综合延伸与拓宽的可能性探索(图6-21)。

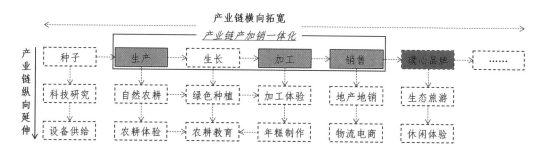

图6-21 璞心家庭农场产业链上下游延伸与拓宽的思路探索

(图片来源:作者绘制)

① 产业链"产加销"一体化。稻米产业链一般是指以稻米产品为核心的集生产资料供应、稻米生产、稻米加工、稻米转化、稻米物流、稻米销售于一体的相关环节和组织载体共同构成的链状体系[①]。农场以稻米为"1+N"产业经营中的"1",发挥小微规模经营优势,不使用任何化学肥料、农药和各种生长调节剂以及任何能够残害土壤的添加物,采取精耕细作的生态种植手段,遵循自然农耕法则,进行精细化管理,提高农产品质量,对接高端市场;将生产、加工和销售环节有机结合起来,实现"从田野到餐桌"的农产品质量安全标准化,有利于对问题农产品进行跟踪追溯,也有利于为降低成本打好基础。

② 产业链上中下游综合增值。农场产业链延伸与拓宽不应将目光局限于农业生产与销售两个环节本身。在产业链上游,重视种子质量、农资升级、农机供给与播种插秧等环节协同;浙江大学涉农学科教授牵手埭溪镇政府在农资、农机、农技等方面给予专业化服务和支持,协助农场合理安排多种农产品种植规模,组织农场成员定期学习种植技术、执行相关种植标准。在产业链中游,根据消费者定位和需求,实现农产品种类供给调整;由于农场消费者对自然农耕理念认可度高,希望除粮油外,农场也可以进行蔬菜供给,针对农场新需求

---

① 王松梅.国内关于产业链及粮食产业链研究的述评[J].经济研究导刊,2013(29):41-42.

对土地进行系统性梳理和陪伴式营建,协助农场蔬菜类先于粮油类获得模式盈利;农产品价值升级之后,景观价值和体验价值也相应增多。在产业链下游,重视销售渠道创新,取消传统销售渠道,避免同质化竞争,部分忠实消费者通过"分享经济"获得返利激励,进一步促进"璞心"品牌吸引消费者,在良性运营下,扩张销售;除纵向延伸外,在横向拓宽上,将农业相关的手工业、流通业、旅游业等第二、三产业纳入产业链体系中,如稻米制作需要经过收割、晾晒、清理、脱壳、分离、分级等流程,适合消费者在地参与各个阶段。

总之,产业链"产加销"一体化、产业链上中下游综合增值的核心宗旨是降低产业链内部交易成本,这需要产业链每个环节向高技术、高价值和高资本密集靠拢,实现整体跃迁与进化,每个环节都需要承担价值创造的义务和功能。

6.4.2　多产业交互促进

乡村产业结构的调整与升级对乡村空间演进起到重要作用,将会不同程度地体现在空间营建上。为保护产业发展的多样性,应鼓励第一、二、三产业交互促进、协同升级,更好地适应市场与制度的竞争与变化。

（1）以第一产业为动力的"盘活存量"模式

① "小美合作社""舌尖上的中国"等平台,一定程度上提高了璞心家庭农场知名度,以稻米"1＋N"自然农耕法则种植为导向的产业模式,吸引了全国各地很多中产阶级的眼球;② 线上流量转化为线下流量,尤其是苏浙沪地区,消费者能够很方便地到现场进行实地考察、旅游和体验,如生态休闲、蔬菜采摘、稻米晾晒、耕读教学等体验活动;③ 通过第一产业带动第二、三产业,进行配套空间营建支撑,完善创意农业空间、稻米晾晒空间、餐饮民宿空间、璞心耕读讲堂、接待服务中心等公共服务设施,促进民宿业、零售业、餐饮业、工作室等服务业发展(图 6-22)。最终,协助璞心家庭农场盘活第一产业的存量,构建优质农产品与优质消费者之间沟通的桥梁,尝试完成"0→1"的流量导入、"1→10"的规模增殖、"10→100"的承载扩容和"100→∞"的永续经营(图 6-23)[1]。

（2）以第三产业为动力的"用好增量"模式

璞心家庭农场民宿业、零售业、餐饮业、工作室等服务业与创意农业、稻米晾晒、甜品制作、耕读教学等体验经济逐渐完善之后,能够直接吸引消费者甚至很多文化产业专业人士到达农场,包括摄影、工业设计、建筑设计领域学者,了解农场种植历史,通过第三产业促进第一、二产业消费转化。一些具有较强经济实力和乡村情怀的消费者和学者,甚至还成了农场小型投资主体,并且调动自身资源协助农场,将"小微田园综合体"外部主体转化为内部主体,促进"小微田园综合体"内生发展,进一步增强城乡黏性,使农场形成良性循环、协同进化[2](图 6-24)。

───────────────

　　① 傅嘉言,王竹,钱振澜,等.江南地区精准乡建"基本单元综合体"策略与实践:以浙江湖州"璞心家庭农场"为例[J].城市建筑,2017(10):14-17.
　　② 傅嘉言,王竹,孙姣姣,等.江南地区"小微田园综合体"产业策划与设计策略[J].华中建筑,2020,38(5):44-47.

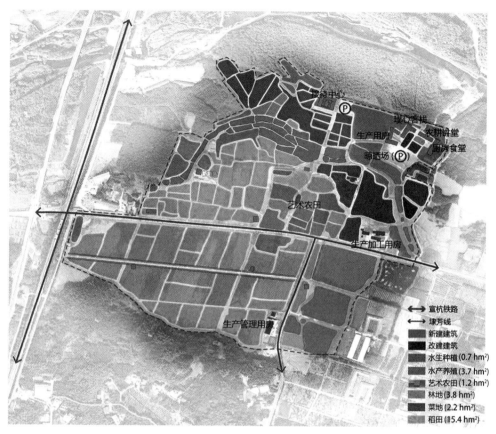

图 6-22 璞心家庭农场配套建筑与空间规划总平面图

(图片来源:作者绘制)

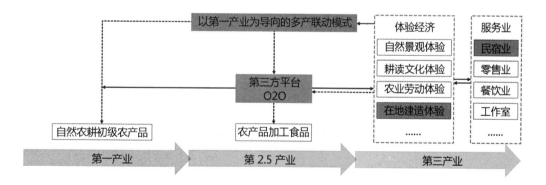

图 6-23 璞心家庭农场以第一产业为动力的"盘活存量"模式图

(图片来源:作者绘制)

图6-24　璞心家庭农场以第三产业为动力的"用好增量"模式图

（图片来源：课题组绘制）

6.5　"空间整合"下适应协同的营建策略

6.5.1　"产住景"一体化的空间格局

璞心家庭农场处于丘陵地带，地形地貌细碎，且较为脆弱，大规模开发容易导致生态系统失衡。在协同营建目标下，本书的主要任务是将自然生态、经济生产与居住生活纳入一个完整体系之中，使这些要素相互支撑、和谐共生，自然彰显"小微田园综合体"的独特魅力[①]。通过调研、访谈，课题组发现在生产用房、生活用房、公共空间、基础设施等方面，农场存在明显建筑数量和品质不满足需求等问题。

通过对农场关键要素信息的提取与把握，最终确定了"一带""一核""四片区""田字网""多节点"的"产住景"一体化总体空间有机格局（图6-25）。

"一带"："生态—生产"协同发展示范带，串联创意农业示范组团、休闲服务设施组团、核心居住生活组团，在保留原有水网系统格局的基础上，梳理部分耕地作为水生种植与水产养殖功能，使水网系统形态更完整，蜿蜒贯穿整个农场，形成"山环水绕"的拱卫态势，成为农场"社会、经济、环境"协同发展的引导轴线。

"一核"：将农场中心位置生产农田转化为创意艺术农田，主要种植观赏型和体验型作物，通过不同作物种植和布置搭配，营造优美景观体验区，依托农场自然、人文、公共服务设施，吸引消费者前往参观，将农场部分生产价值提升为审美价值，创造高附加值，同时适当配置休闲、体验活动，使创意艺术农田成为联系生产、生活、生态三者有机融合的枢纽地区（图6-26）。

"四片区"：农场用地从南到北划分为南部稻米集中生产区、中部水网种植养殖区、中部

---

①　傅嘉言，王竹，钱振澜，等.江南地区精准乡建"基本单元综合体"策略与实践：以浙江湖州"璞心家庭农场"为例[J].城市建筑，2017(10)：14-17.

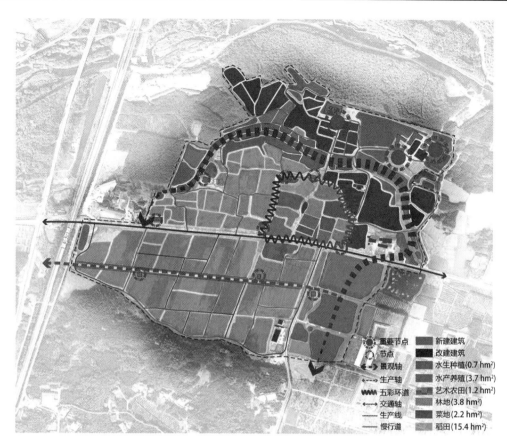

图 6-25　璞心家庭农场"产住景"一体化空间结构图
(图片来源：课题组绘制)

图 6-26　璞心家庭农场创意艺术农田图
(图片来源：http://www.baidu.com)

农业综合体验示范区和北部生态林地休闲区四个片区[①](图 6-27、图 6-28)。南部稻米集中生产区是耕地相对平坦完整，作为农场稻米生产的主要种植区域；中部水网种植养殖区是以水网系统为依托，除景观功能外，作为农场水生植物种植与水产动物养殖区域；中部农业综合体验示范区是以埭芳线北侧创意艺术农田为基础特色，发展农业观光、农事体验、农作物

---

① 傅嘉言，王竹，钱振澜，等.江南地区精准乡建"基本单元综合体"策略与实践：以浙江湖州"璞心家庭农场"为例[J].城市建筑，2017(10)：14-17.

采摘、农产品手工制作等活动的农业综合示范区域;北部生态林地休闲区是以农场人文资源、景观资源、服务产业为特色,结合景观、饮食、登山、度假等休闲功能的生态综合示范区域,林地植被茂密,是自然屏障,也能够阻挡北风。

图6-27　璞心家庭农场"四片区"剖面关系图
(图片来源:课题组绘制)

图6-28　璞心家庭农场空间网络与节点图
(图片来源:作者绘制)

"田字网"：由不同等级交通线、不同层次生产线交织形成空间网络①(图6-28)，进一步依次发展为"入景""乐农""游村""闲居""隐山"的空间序列，串联起农场"产住景②"一体化的发展格局。

"多节点"：选取农场重要空间节点与景观节点进行设计，埭芳线与基地东侧交叉口处设置停车用地、生产加工用房，南部稻米集中生产区南侧设置生产管理用房，北部生态林地休闲区以多产业交互促进为依托，利用丰富物质资源和优美居住环境，设置接待中心、璞心客栈、农耕讲堂、厨房食堂等，以点带面，使之成为农场产业深度发展的核心价值所在③。

总之，在营建过程中，应注重保证农业用地、建设用地与生态环境三者之间的良性互动，使"璞心"这个小区域品牌的优势和璞心家庭农场的整体面貌相互匹配。

6.5.2 空间网络与节点的微循环更新

"小微田园综合体"模式的整体协同性主要体现在"主体、产业、空间"的相互适应性上。乡村整体的意象形成在一定程度上影响着主体对地方的认同感，但是，在真实营建中，这种整体的、宏观的意象的作用却是被减弱的，需要分解为局部的、微观的要素才能够更直接、更有效地被主体认同，进一步影响营建行为。这就需要在"小微田园综合体"中构建尺度、等级都更细小的空间网络和节点进行微循环更新(图6-28)。

① 短程微循环空间网络。短程微循环空间网络类似生物毛细血管，是在主要交通线和主要生产线构架下更细小的交通、生产、景观系统的一种组织形式。在乡村营建主体与周边信息发生交换过程中，将会在评估本体状态和参考邻里状态之后，结合自身社会与经济认知，创造局部空间要素。构建短程微循环空间网络的目的在于结合当前信息合理确定这些要素，将其统筹为一个较完整体系。在"小微田园综合体"内部构建要素微循环网络，使其能够自给自足，将利于乡村人居环境的平衡和持续发展④。

璞心家庭农场的微循环网络主要包括道路系统与水网系统两种类型，如生产带、步行带、滨水带、绿化带等微空间，承载了休闲、生产、交通等功能。这些微空间在组织结构上不需要"横平竖直"，组织形式可以不规则、更自由，结合真实需求处理与自然边界的关系。

② 微更新空间节点。节点空间一般在空间网络局部放大的位置，如农场出入口、道路交叉口等位置；或农场内部适合停留、交往等空间；或具有特殊人文意义的场所，如古墙、古树、古庙等承载了特殊历史记忆的位置。针对局部节点应采取适应性保护策略，给予充分重视，使其成为能够在公共空间系统中发挥特殊作用的节点。

① 李王鸣,高沂琛,王颖,等.景中村空间和谐发展研究：以杭州西湖风景区龙井村为例[J].城市规划,2013,37(8)：46-51.

② 贺勇,孙佩文,柴舟跃.基于"产、村、景"一体化的乡村规划实践[J].城市规划,2012,36(10)：58-62.

③ 傅嘉言,王竹,钱振澜,等.江南地区精准乡建"基本单元综合体"策略与实践：以浙江湖州"璞心家庭农场"为例[J].城市建筑,2017(10)：14-17.

④ 郑媛,刘少瑜,王竹,等.新加坡公共住宅的地域性设计策略研究[J].新建筑,2020(1)：83-87.

　　农耕讲堂改造前为废弃羊圈(图6-29),结构完整,立面破败,日常仅作为生产工具堆放使用,在农场空间利用上非常浪费。在微更新营建中,保留全部既有建筑结构,进行功能置换,移植为讲堂功能,转化为耕读教育、禅修空间,整体提升建筑品质,着重改造入口空间,塑造人文耕读情怀的庄重感和仪式感,再修复屋顶和改造立面,因地制宜取材,增添鳞次栉比的竹构元素(图6-30)。课题组保留部分不影响整体意象的空间让农场主自由发挥,共同营建,使建筑焕发新生。

　　客栈改造前为家庭宿舍(图6-31),农场西北侧背山环田,位置优越却未得到最佳利用。农场有若干简陋宿舍,难以满足消费者住宿需求,需要将一层主居扩建为两层主居、客居混合使用空间,通过格栅、花架等简单手法微更新立面;硬化宿舍前场局部道路,方便交通;设置矮墙,明确院落与道路的边界[①](图6-32、图6-33)。随着"璞心"知名度的提升,客栈扩建也难以满足日益增长的消费者住宿需求,农场与附近民宿联手,通过"小微田园综合体"之间的彼此合作,实现资源共享和协同共赢。

图6-29　璞心家庭农场废弃羊圈改造前　　　图6-30　璞心家庭农场农耕讲堂改造后
　　　　　(图片来源:课题组摄制)　　　　　　　　　　　(图片来源:课题组绘制)

图6-31　璞心家庭农场客栈改造前　　　图6-32　璞心家庭农场客栈改造后(1)
　　　　(图片来源:课题组摄制)　　　　　　　　(图片来源:课题组绘制)

　　① 傅嘉言,王竹,钱振澜,等.江南地区精准乡建"乡村基本单元"策略与实践:以浙江湖州"璞心家庭农场"为例[J].城市建筑,2017(10):14-17.

图 6-33　璞心家庭农场客栈改造后(2)
(图片来源：课题组绘制)

6.5.3　时空融合共享与动态调适

"璞心家庭农场"的总面积十分有限，空间需要充分考虑村民与游客的综合需求，以模糊性、渗透性的边界与动态性、叙事性的设计，赋予有限空间混合价值[①]。与现代理性主义影响下的城市化功能不同，乡村化场所的意义在于功能的模糊性表达，趋于多元化。课题组针对每处闲置建筑或土地，进行如下调整：① 在建筑的边界设置渗透性的廊道，提供遮雨、休息场所，布局延续景观线引导，模糊性的设计体现空间共享性和包容感，使村民和游客都能够不受任何限制地利用空间。② 农场中心广场附近保留既有硬化土地，增强时空融合功能共享，耕地有限，"有天无地晒，有地无场晒"的情况却很普遍。农闲时，作为村民和游客休闲区或停车场(图 6-34)，甚至还可以改造为篮球场或运动场；农忙时，作为农作物晾晒区和体验区(图 6-35)，形成共时性与历时性协同使用。③ 食堂改造成为餐厅，农场进行统一品控，遵循"'璞心'是大家的"运营理念，厨房以自由烹煮的方式，给予游客"自己人，随便做"的体验。根据"形式追随共享"[②]的理念，共享厨房与共享餐厅不局限于饮食服务、体验服务，还是农产品展览窗口，在非商业化的情景体验过程中，使游客伴随乡恋，接纳农产品[③]。

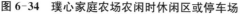

图 6-34　璞心家庭农场农闲时休闲区或停车场

图 6-35　璞心家庭农场农忙时晾晒区

(图片来源：课题组绘制)

① 傅嘉言，王竹，钱振澜，等.江南地区精准乡建"基本单元综合体"策略与实践：以浙江湖州"璞心家庭农场"为例[J].城市建筑,2017(10)：14-17.
② 李振宇.形式追随共享：当代建筑的新表达[J].人民论坛·学术前沿,2020(4)：37-49.
③ 同①.

6.6　本章小结

　　本章节以浙江湖州"璞心家庭农场"为例,进行了"小微田园综合体"协同营建的实证探索与营建研究。通过田野调查,对农场自然生态、区位市场、社会文化、产业经济等场所关键要素进行提取,对基地格局与现状用地、建筑单体与相关设施等建成环境现状进行把握。通过"团结乡建"模式下的主体互助、"小美合作社"支持下的小农激励两个方面的支撑,构建了以"村民和农场家庭成员为核心主体、以堠溪镇政府与村集体为引导、以高校各个涉农专业与科学技术为支撑、以社会资本为助力、以社会参与为补充"的"璞心家庭农场"的"主体联合"的利益平衡机制。针对传统农业产业链过窄与过短的问题,锚定稻米为特色产业进行产业链纵向延伸与横向拓宽,共同结合第一产业为动力的"盘活存量"、第三产业为动力的"用好增量",形成农场"产业融合"的多元灵活路径,实现多产业交互促进的结果。通过"产住景"一体化的空间格局、空间网络与节点的微循环更新、时空融合共享与动态调适策略进行了农场"空间整合"的适应协同营建,促进了"小微田园综合体"在"社会、经济、环境"三个方面的协同发展。

7　结　语

　　农业农村是我国实施乡村振兴战略的优先领域。改革开放 40 余年,我国乡村营建已经取得了丰硕成果。然而,由于乡村受到多维作用力的扰动,营建过程中"社会、经济、环境"协同不足的问题日益突出。这个问题产生的根本原因,是城乡收入差异影响下的小农"原子化"倾向。出现脱离小农组织化和失去小农话语权的乡村营建状况,是因为我们没有把握住乡村营建与发展的真实需求。因此,当前阶段的乡村营建研究与实践亟须对以地方政府或社会精英为主导、"就空间论空间"等为导向的乡村营建认知误区进行纠偏,厘清乡村营建的内涵与本质。

　　国家从 2017 年开始组织、实施乡村振兴战略和"田园综合体"政策,以期推动乡村"社会、经济、环境"三者之间的对接与融合。乡村"主体、产业、空间"是对应乡村营建中"社会、经济、环境"协同维度的属性,以协同视野研究乡村营建,有益于对乡村营建本质的认知,并对建立利益平衡与共同富裕的主体组织机制、建立多元灵活的产业经营模式、制定适应协同的空间营建策略具有重要意义。

　　在以往的研究与实践中,人们更多地关注主体、产业、空间等单一属性对乡村营建的作用关系,而将三者视为相互联系、相互影响的综合属性的研究较少。在乡村建设的转型与提升时期,需要揭示出多维、协同视野下的乡村营建的特征、耦合机制与真实需求,对乡村建设的精准性认知与策略进行理论与实践的积极探索。

7.1　总结与提升

　　本书立足于对我国乡村振兴战略具有重要影响与示范效应的江南地区,通过学理辨析与定性研判的融贯研究,整体研究了乡村在"社会、经济、环境"方面的协同关系和营建策略。通过"明确问题需求—把握理论工具—构建认知框架—提出营建策略"四个方面构建了整体的研究框架。从建筑师的视角,从"设计房子"走向"设计关系",旨在揭示出江南地区乡村演进与发展的动力机制,以期对当下乡村营建的研究与实践中的瓶颈有所突破。主要研究内容概括为以下五个方面:

　　(1)解析与界定乡村营建的理论基础与相关概念

　　本书针对乡村营建,以乡村"社会、经济、环境"的协同维度为切入点,提取与之对应的乡村"主体、产业、空间"三者的属性,开展乡村营建的理论基础研究。借鉴复杂系统和协同理论的原理与方法,对乡村营建的复杂性进行解析,论述乡村营建中"社会、经济、环境"的相互关系并根据自组织与他组织的协同法则,揭示乡村复杂系统诸要素协同演进的作用机制,把握乡村复杂系统从低级到高级、从无序到有序的演进特征。

（2）诠释江南地区乡村协同营建的特征与需求

本书明确界定了江南地区"农业型乡村"的含义，在主体自组织状态、产业兼业化选择、空间共同体特征等方面，提炼出传统乡村所具有协同营建的朴素特征；在多元主体角色构成、多种产业发展类型、两种方式空间营建等方面，解析了现代乡村营建的特征。诠释了江南地区乡村营建具有协同发展的需求是由于原子化小农主体正在遭遇话语权的危机、传统小微产业面临转型的新趋势、乡村空间营建呈现碎片化结果等现实问题，由此，提出了江南地区乡村"小微田园综合体"的概念。

（3）构建乡村"小微田园综合体"的认知框架

基于细碎化地形地貌、精耕细作的传统等客观因素，挖掘了江南地区乡村"小微田园综合体"的营建优势与智慧，辨析了小微规模具有的独立性和灵活性等状态，阐述了在乡村振兴战略和"大国小农"背景下，"小微单元"具有的门槛低和普适性等特征。通过乡村营建过程从"短程通讯"到"宏观涌现"、共时性与历时性动态协同的论述，揭示了"小微田园综合体"协同营建的动力机制。在营建主体的竞争与合作、产业经营的涨落与反馈、空间形态的适应与进化等三个方面诠释了乡村"小微田园综合体"的营建模式。

（4）提出江南地区乡村"小微田园综合体"的营建策略

针对江南地区乡村特定的地理、社会、经济、环境等特征，从主体、产业、空间以及三者耦合等四个方面，提出了"小微田园综合体"的营建策略。提出了"主体联合"下利益平衡的组织机制，在守护小农组织化载体话语权的前提下，结合价值延续下的村集体再造、精英参与下的陪伴式营建；建立了"产业融合"下多元灵活的经营模式，围绕"1+N"模式，锚定地方特色产业，进行产业链的纵横延伸和小微高质量产业的联动；构建了"空间整合"下适应协同的营建策略，提出尊重细碎化地形地貌的格局，选择在地建造技艺途径，进行利于主体交往、产业融合的公共性空间设置以及微活化营造等；提出了"主体—产业—空间"耦合下"小微田园综合体"的整体营建原则与实施路径。

（5）探索浙江湖州"璞心家庭农场"的实证营建

本书以浙江湖州璞心家庭农场为实践案例，进行了乡村"小微田园综合体"协同营建的实证探索与营建研究。提出"团结乡建"的主体互助和"小美合作社"的小农激励等组织机制创新；农场特色稻米产业链延伸的"1+N"模式能够促进多元产业之间的交互与支持；打造农场"产住景"一体化的空间格局，提出空间网络与节点的微循环更新策略，完成乡村营建中"主体—产业—空间"的时空融合共享与动态调适，通过实证研究检验和矫正理论研究成果的精准性。

7.2　不足与展望

乡村营建研究涉及多学科领域，由于笔者视野、时间、精力的局限性，本书有诸多不足之处：

（1）研究主要侧重于定性研究，虽然本书涉及乡村统计数据相关的定量分析，但是整体上定量研究的深度仍然有所欠缺。希望在未来研究工作中能够借助量化分析与评价，对营建策略进行更为准确的定性与定量的研判。

（2）主体、产业、空间不仅是影响乡村协同营建的主要维度，乡村营建的结果还受到气候、文化等多种因素的制约与影响。本书并非不重视其他相关因素的作用，相关因素的综合考虑可以在后续的研究中进一步深化或拓展。

（3）本书选取的实践案例多来源于浙江省，在案例选取的广度上，需要继续拓展。由于现实问题，当前部分营建案例未完成，仍然停留于初步营建阶段，对理论研究成果未能够有足够的反馈，对整体协同性的提升作用需要进一步观察与评估，以期在未来的研究与实践中继续探索与研究。

本书无意构架一套完整的江南地区乡村"小微田园综合体"协同营建的理论与方法，仅在协同视野下就"主体、产业、空间"如何对乡村营建的综合作用机制进行探索，对江南地区乡村营建"社会、经济、环境"协同不足的主要问题进行讨论和纠偏，强调乡村营建"因地制宜、因时制宜、因例制宜"的重要性，提出相对精准的江南地区乡村营建的策略与路径，希望对该地区的乡村建设有所贡献。

参考文献

（按著者姓氏字母、拼音首字母顺序排列）

A 学术期刊

［1］Amir A F，Ghapar A A，Jamal S A，et al. Sustainable tourism development：A study on community resilience for rural tourism in Malaysia［J］. Procedia-Social and Behavioral Sciences，2015，168：116-122.

［2］Arnstein S R. A ladder of citizen participation［J］. Journal of the American Institute of Planners，1969，35(4)：216-224.

［3］Gallopin G C，Gutman P，Maletta H. Global impoverishment，sustainable development and the environment：A conceptual approach［J］. International Social Science Journal，1989，121：375-397.

［4］Isserman A M，Feser E，Warren D E. Why some rural places prosper and others do not［J］. International Regional Science Review，2009，32(3)：300-342.

［5］Karl K. Urban tissue and the character of towns［J］. Urban Design International，1996，1(3)：247-263.

［6］Lazzeroni M，Bellini N，Cortesi G，et al. The territorial approach to cultural economy：New opportunities for the development of small towns［J］. European Planning Studies，2013，21(4)：452-472.

［7］Meit M，Knudson A. Why is rural public health important? A look to the future［J］. Journal of Public Health Management and Practice：JPHMP，2009，15(3)：185-190.

［8］Smithers J，Smit B. Human adaptation to climatic variability and change［J］. Global Environmental Change，1997，7(2)：129-146.

［9］曹斌.日本促进小农户生产与现代农业有机衔接的经验对我国乡村振兴的启示［J］.西安财经学院学报,2019,32(2)：88-93.

［10］唱晓阳,姜会明.我国农业产业链的发展要素及升级途径［J］.学术论坛,2016,39(1)：80-83.

［11］车维汉.日本农业经营中的法人化动向及启示［J］.现代日本经济,2004(1)：32-38.

［12］陈晨,耿佳,陈旭.民宿产业驱动的乡村聚落重构及规划启示：对莫干山镇劳岭村的案例研究［J］.城市规划学刊,2019(S1)：67-75.

［13］陈江.家庭经营为基础、统分结合的农村基本经营制度的反思与重构［J］.西华师范大学学报(哲学社会科学版),2016(4)：89-94.

［14］陈蓬.关于我国生态休闲产业发展的思考［J］.林业经济,2015,37(8)：30-34.

［15］陈天富.美丽乡村背景下河南乡村旅游发展问题与对策［J］.经济地理,2017,37(11)：

236-240.

［16］陈晓华,张小林."苏南模式"变迁下的乡村转型［J］.农业经济问题,2008,29(8)：21-25.

［17］陈秧分,姜小鱼,李先德.OECD乡村政策及对中国乡村振兴战略的启迪［J］.新疆师范大学学报(哲学社会科学版),2019,40(3)：64-70.

［18］陈志华.中国乡土建筑之现状：陈志华教授访谈录［J］.中国名城,2010(4)：53-56.

［19］程久苗.农地流转中村集体的角色定位与"三权"权能完善［J］.农业经济问题,2020,41(4)：58-65.

［20］程令国,张晔,刘志彪.农地确权促进了中国农村土地的流转吗?［J］.管理世界,2016(1)：88-98.

［21］党雨田,庄惟敏.为乡村而设计：建筑策划方法体系的对策［J］.建筑学报,2019(2)：64-67.

［22］狄增如.探索复杂性是发展系统学的重要途径［J］.系统工程理论与实践,2011,31(S1)：37-42.

［23］段进,季松.太湖流域古镇空间研究回顾［J］.乡村规划建设,2015(3)：37-54.

［24］樊祥成.农业内卷化辨析［J］.经济问题,2017(8)：73-77.

［25］方修琦,殷培红.弹性、脆弱性和适应：IHDP三个核心概念综述［J］.地理科学进展,2007,26(5)：11-22.

［26］傅嘉言,贺勇,孙姣姣.浙江民宿的乡村性解析与营建策略［J］.西部人居环境学刊,2018,33(3)：80-84.

［27］傅嘉言,王竹,钱振澜,等.江南地区精准乡建"基本单元综合体"策略与实践：以浙江湖州"璞心家庭农场"为例［J］.城市建筑,2017(10)：14-17.

［28］傅嘉言,王竹,孙姣姣,等.江南地区乡村"小微田园综合体"产业策划与设计策略［J］.华中建筑,2020,38(5)：44-47.

［29］傅英斌.聚水而乐：基于生态示范的乡村公共空间修复：广州莲麻村生态雨水花园设计［J］.建筑学报,2016(8)：101-103.

［30］高慧智,张京祥,罗震东.复兴还是异化? 消费文化驱动下的大都市边缘乡村空间转型：对高淳国际慢城大山村的实证观察［J］.国际城市规划,2014,29,40(1)：68-73.

［31］郭芸芸,杨久栋,曹斌.新中国成立以来我国乡村产业结构演进历程、特点、问题与对策［J］.农业经济问题,2019,40(10)：24-35.

［32］韩俊.土地政策：从小规模均田制走向适度规模经营［J］.调研世界,1998(5)：8-9.

［33］韩俊.我国农户兼业化问题探析［J］.经济研究,1988,23(4)：38-42.

［34］何秀荣.关于我国农业经营规模的思考［J］.农业经济问题,2016,37(9)：4-15.

［35］贺贤华,毛熙彦,贺灿飞.乡村规划的国际经验与实践［J］.国际城市规划,2017,32(5)：59-65.

［36］贺雪峰,印子."小农经济"与农业现代化的路径选择：兼评农业现代化激进主义［J］.政治经济学评论,2015,6(2)：45-65.

［37］贺雪峰.关于实施乡村振兴战略的几个问题［J］.南京农业大学学报(社会科学版),

2018,18(3)：19-26.

[38] 贺雪峰.农业现代化首先应是小农的现代化[J].中国农村科技,2015(6)：21.

[39] 贺雪峰.为谁的农业现代化[J].开放时代,2015(5)：36-48.

[40] 贺雪峰.乡村建设中提高农民组织化程度的思考[J].探索,2017(2)：41-46.

[41] 贺勇,孙佩文,柴舟跃.基于"产、村、景"一体化的乡村规划实践[J].城市规划,2012,36(10)：58-62.

[42] 贺勇,孙炜玮,孙姣姣.面向土地与生活的建筑学思考与教育实践[J].建筑学报,2017(1)：54-57.

[43] 贺勇.鄣吴十年变迁[J].建筑技艺,2020,26(12)：64-71.

[44] 胡卫卫,杜焱强,于水.乡村柔性治理的三重维度：权力、话语与技术[J].学习与实践,2019(1)：20-28.

[45] 胡卫卫,于水.场域、权力与技术：农村政治生态优化的三重维度[J].河南社会科学,2019,27(11)：58-64.

[46] 黄振华.中国家户制传统与"小农户"的历史延续：兼对马克思主义有关小农论断的再认识[J].广西大学学报(哲学社会科学版),2019,41(6)：63-69.

[47] 蒋亮,罗静,张春燕,等.基于主体功能定位的湖北省县域乡村性空间分异研究[J].中国农业资源与区划,2020,41(8)：58-66.

[48] 李春玲.青年群体中的新型城乡分割及其社会影响[J].北京工业大学学报(社会科学版),2017,17(2)：1-7.

[49] 李华东,黄印武,任卫中,等.蜕变与复兴："乡村蜕变下的建筑因应"座谈会[J].建筑学报,2013(12)：4-9.

[50] 李杰义.农业产业链区域延伸动力机制及途径研究[J].理论探讨,2007(4)：86-88.

[51] 李京生,张昕欣,刘天竹.组织多元主体介入乡村建设的规划实践[J].时代建筑,2019(1)：14-19.

[52] 李文.新时期以来农户的兼业化发展及其原因分析[J].当代中国史研究,2013,20(2)：61-67.

[53] 李晓帆,周述实.从系统理论看我国所有制结构[J].学习与探索,1982(2)：72-77.

[54] 李燕琼.日本政府推进农业规模化经营的效果及对我国的启示[J].农业技术经济,2004(5)：71-75.

[55] 李裕瑞,刘彦随,龙花楼.黄淮海典型地区村域转型发展的特征与机理[J].地理学报,2012,67(6)：771-782.

[56] 李远行,李慈航.重新认识乡土中国：基于社会结构变迁的视角[J].中国农业大学学报(社会科学版),2019,36(3)：31-39.

[57] 李振宇.形式追随共享：当代建筑的新表达[J].人民论坛·学术前沿,2020(4)：37-49.

[58] 梁艳,沈一.台湾农村灾后重建中的社区营造及对大陆的启示：以台中埔里镇桃米社区为例[J].国际城市规划,2015,30(5)：116-119.

[59] 廖彩荣,陈美球,姚树荣.资本下乡参与乡村振兴：驱动机理、关键路径与风险防控：基

于成都福洪实践的个案分析[J].农林经济管理学报,2020,19(3)：362-370.

[60] 凌岩.农业兼业化现象透视[J].社会科学,1992(5)：16-19.

[61] 卢健松,姜敏,苏妍,等.当代村落的隐性公共空间：基于湖南的案例[J].建筑学报,2016(8)：59-65.

[62] 罗坤瑾.控制论视域下的网络舆论传播[J].学术论坛,2011,34(5)：179-183.

[63] 罗彦,杜枫,邱凯付.协同理论下的城乡统筹规划编制[J].规划师,2013,29(12)：12-16.

[64] 钱文荣.农地市场化流转中的政府功能探析：基于浙江省海宁、奉化两市农户行为的实证研究[J].浙江大学学报(人文社会科学版),2003,33(5)：154-160.

[65] 钱学森,于景元,戴汝为.一个科学新领域：开放的复杂巨系统及其方法论[J].自然杂志,1990,12(1)：3-10.

[66] 屈学书,矫丽会.乡村振兴背景下乡村旅游产业升级路径研究[J].经济问题,2020(12)：108-113.

[67] 阮仪三,黄海晨,程俐聪.江南水乡古镇保护与规划(摘登)[J].建筑学报,1996(9)：22-25.

[68] 阮仪三,邵甬,林林.江南水乡城镇的特色、价值及保护[J].城市规划汇刊,2002(1)：1-4.

[69] 邵珮君.台湾集集地震灾后农村小区重建之比较研究：涩水、桃米及龙安小区[J].国际城市规划,2008,23(4)：62-65.

[70] 邵腾伟,冉光和.基于劳动力有效利用的农业产业化路径选择[J].系统工程理论与实践,2010,30(10)：1781-1789.

[71] 师汉民.从"他组织"走向自组织：关于制造哲理的沉思[J].中国机械工程,2000,11(S1)：80-85.

[72] 孙阿凡,杨遂全.集体经营性建设用地入市与地方政府和村集体的博弈[J].华南农业大学学报(社会科学版),2016,15(1)：20-27.

[73] 孙飞,李青华.耗散结构理论及其科学思想[J].黑龙江大学自然科学学报,2004,21(3)：76-79.

[74] 孙庆忠.社会记忆与村落的价值[J].广西民族大学学报(哲学社会科学版),2014,36(5)：32-35.

[75] 孙莹,肖大威,王玉顺.传统村落之空间句法分析：以梅州客家为例[J].城市发展研究,2015,22(5)：63-70.

[76] 谭莹.农村生态休闲产业与我国城乡协调发展[J].现代经济探讨,2011(6)：54-58.

[77] 汤蕾,陈沧杰,姜劲松.苏州西山三个古村落特色空间格局保护与产业发展研究[J].国际城市规划,2009,24(2)：112-116.

[78] 仝志辉,温铁军.资本和部门下乡与小农户经济的组织化道路：兼对专业合作社道路提出质疑[J].开放时代,2009(4)：5-26.

[79] 万成伟.农村社区内在活力的营造机制研究：以台湾龙眼林社区为例[J].国际城市规划,2018,33(1)：136-142.

［80］王焯瑶,钱振澜,王竹,等.长三角地区绿色建筑设计规范性文件解析：基于内容分析法[J].新建筑,2020(5)：98-103.

［81］王冬.乡村：作为一种批判和思想的力量[J].建筑师,2017(6)：100-108.

［82］王冬.乡村聚落的共同建造与建筑师的融入[J].时代建筑,2007(4)：16-21.

［83］王桂芹,郑颜悦.我国城乡融合存在的问题及对策[J].江淮论坛,2020(5)：18-24.

［84］王磊,马迪,董晋,等.再走西口：鄂尔多斯市尔圪壕村陪伴式系统乡建实践[J].建筑学报,2016(8)：89-95.

［85］王磊,孙君,李昌平.逆城市化背景下的系统乡建：河南信阳郝堂村建设实践[J].建筑学报,2013(12)：16-21.

［86］王平.作为弱者武器的传媒：农民利益表达与抗争的策略选择[J].人文杂志,2012(4)：172-176.

［87］王松梅.国内关于产业链及粮食产业链研究的述评[J].经济研究导刊,2013(29)：41-42.

［88］王祥瑞.产业链过窄过短是农业增效农民增收的最大障碍[J].农业经济,2002(9)：28-29.

［89］王竹,傅嘉言,钱振澜,等.走近"乡建真实"从建造本体走向营建本体[J].时代建筑,2019(1)：6-13.

［90］王竹,孙佩文,钱振澜,等.乡村土地利用的多元主体"利益制衡"机制及实践[J].规划师,2019,35(11)：11-17.

［91］王竹,徐丹华,钱振澜,等.乡村产业与空间的适应性营建策略研究：以遂昌县上下坪村为例[J].南方建筑,2019(1)：100-106.

［92］王竹,徐丹华,钱振澜.基于精准助农的"小微田园综合体"：概念、模式与实践[J].西部人居环境学刊,2019,34(3)：89-96.

［93］王竹.卷首语[J].城市建筑,2017(10)：3.

［94］温铁军,杨春悦.综合性农民专业合作社的发展问题[J].中国农民合作社,2010(2)：26.

［95］邬轶群,朱晓青,王竹,等.基于产住元胞的乡村碳图谱建构与优化策略解析：以浙江地区发达乡村为例[J].西部人居环境学刊,2018,33(6)：116-120.

［96］吴良镛.乡土建筑的现代化,现代建筑的地区化：在中国新建筑的探索道路上[J].华中建筑,1998,16(1)：1-4.

［97］吴盈颖,王竹.城市针灸：贫民窟"再生"的催化研究[J].华中建筑,2016,34(1)：29-33.

［98］谢英俊,张洁,杨永悦.将建筑的权力还给人民：访建筑师谢英俊[J].建筑技艺,2015(8)：82-90.

［99］徐祥临.深化农业改革,谁来种地,如何种好地：培育新型农业经营主体之理念与对策[J].人民论坛,2017(3)：84-86.

［100］徐小东,张炜,鲍莉,等.乡村振兴背景下乡村产业适应性设计与实践探索：以连云港班庄镇前集村为例[J].西部人居环境学刊,2020,35(6)：101-107.

［101］徐勇.历史延续性视角下的中国道路[J].中国社会科学,2016(7)：4-25.

[102] 徐勇.中国家户制传统与农村发展道路：以俄国、印度的村社传统为参照[J].中国社会科学,2013(8)：102-123.

[103] 许从宝,刘征宇,韩雪,等.回归乡村营建的自在：徽州传统民居自主营建过程及特征研究[J].华中建筑,2019,37(1)：132-136.

[104] 薛冰,洪亮平,徐可心.长江中游地区乡村人居环境建设的"内卷化"与"原子化"问题研究[J].华中建筑,2020,38(7)：1-5.

[105] 杨贵庆,肖颖禾.文化定桩：乡村聚落核心公共空间营造：浙江黄岩屿头乡沙滩村实践探索[J].上海城市规划,2018(6)：15-21.

[106] 杨贵庆.乡村振兴战略背景下高校参与乡村建设行动的优势与启示：以浙江省黄岩区乡村振兴实践为例[J].西部人居环境学刊,2021,36(1)：10-18.

[107] 杨贵庆.新乡土建造：一个浙江黄岩传统村落的空间蝶变[J].时代建筑,2019(1)：20-27.

[108] 杨贵庆.有村之用：传统村落空间布局图底关系的哲学思考[J].同济大学学报(社会科学版),2020,31(3)：60-68.

[109] 杨华,陈奕山,张慧鹏,等.多维视野中的乡村振兴(笔谈)[J].西北民族研究,2020(2)：53-69.

[110] 杨希.近20年国内外乡村聚落布局形态量化研究方法进展[J].国际城市规划,2020,35(4)：72-80.

[111] 杨园争.乡村振兴视角下美丽乡村建设的困境与突围：以H省为例[J].西北师大学报(社会科学版),2019,56(3)：137-144.

[112] 姚翔宇,钱振澜,傅嘉言,等.田园综合体的概念辨析与特征认知[J].建筑与文化,2019(9)：57-58.

[113] 叶露,黄一如.资本动力视角下当代乡村营建中的设计介入研究[J].新建筑,2016(4)：7-10.

[114] 叶茂,兰鸥,柯文武.传统农业与现代化：传统农业与小农经济研究述评(上)[J].中国经济史研究,1993(3)：107-122.

[115] 叶齐茂.美国乡村建设见闻录[J].国际城市规划,2007,22(3)：95-100.

[116] 余侃华,刘洁,蔡辉,等.基于人本导向的乡村复兴技术路径探究：以"台湾农村再生计划"为例[J].城市发展研究,2016,23(5)：43-48.

[117] 袁烽,郭喆.智能建造产业化和传统营造文化的融合创新与实践[J].时代建筑,2019(1)：46-53.

[118] 詹绍文,李恺.乡村文化产业发展：价值追求、现实困境与推进路径[J].中州学刊,2019(3)：66-70.

[119] 张诚,徐心怡.新田园主义理论在新型城镇化建设中的探索与实践[J].小城镇建设,2017(3)：56-61.

[120] 张定青,孙亚萍,郭伟.基于生态与人文理念的小城镇特色规划设计策略：以陕南小城镇为例[J].城市发展研究,2017,24(1)：56-62.

［121］张鸽娟.系统动力学视角下陕西传统村落营建的多方参与机制及效应分析［J］.城市发展研究,2020,27(10):32-36.

［122］张佳书,傅晋华.日本推行农村振兴的措施对中国制定乡村振兴战略规划路线的启示［J］.世界农业,2019(2):43-48.

［123］张建,诸培新.不同农地流转模式对农业生产效率的影响分析:以江苏省四县为例［J］.资源科学,2017,39(4):629-640.

［124］张磊,叶裕民,王海龙.规划协同及其对复杂城市系统的影响:以北京市海淀区城乡结合部为例［J］.规划师,2013,29(12):22-26.

［125］张立.乡村活化:东亚乡村规划与建设的经验引荐［J］.国际城市规划,2016,31(6):1-7.

［126］张尚武,李京生.保护乡村地区活力是新型城镇化的战略任务［J］.城市规划,2014,38(11):28-29.

［127］张小允,李哲敏,肖红利.提高我国农产品质量安全保障水平探析［J］.中国农业科技导报,2018,20(4):72-78.

［128］张晓山.农村基层治理结构:现状、问题与展望［J］.求索,2016(7):4-11.

［129］张一,王玲,邵林涛,等.目的地品牌个性在乡村旅游地差异化竞争中的应用研究:以无锡荡口镇与华西村为例［J］.资源开发与市场,2015,31(11):1401-1404.

［130］张子琪,裘知,王竹.基于类型学方法的传统乡村聚落演进机制及更新策略探索［J］.建筑学报,2017(S2):7-12.

［131］张子琪,徐丹华,王竹.浙北工业型村落的自组织与他组织协同更新策略探究［J］.华中建筑,2018,36(1):6-10.

［132］郑媛,刘少瑜,王竹,等.新加坡公共住宅的地域性设计策略研究［J］.新建筑,2020(1):83-87.

［133］支文军,王斌,王轶群.建筑师陪伴式介入乡村建设傅山村30年乡村实践的思考［J］.时代建筑,2019(1):34-45.

［134］仲利强,王宇洁,王竹.涌现秩序与乡村形态演化机理［J］.新建筑,2017(3):84-87.

［135］周斌,张莽文.乡村振兴视域下产业深度融合的现存问题及优化路径:以乡村煤炭产业为例［J］.西安科技大学学报,2020,40(3):534-541.

［136］周大鸣,廖越.我们如何认识中国乡村社会结构的变化:以"原子化"概念为中心的讨论［J］.广西师范学院学报(哲学社会科学版),2018,39(4):74-81.

［137］周榕.建筑是一种陪伴:黄声远的在地与自在［J］.世界建筑,2014(3):74-81.

［138］周心琴.西方国家乡村景观研究新进展［J］.地域研究与开发,2007(3):85-90.

［139］朱启臻.关于乡村产业兴旺问题的探讨［J］.行政管理改革,2018(8):39-44.

［140］祝春敏,张衔春,单卓然,等.新时期我国协同规划的理论体系构建［J］.规划师,2013,29(12):5-11.

B 专著

［141］de Saussure Ferdinand. Course in general linguistics：Translated by wade baskin.

edited by perry meisel and haun saussy［M］. Cambridge：Columbia University Press，2011.

[142] Dean A O，Hursley T. Rural studio：Samuel mockbee and an architecture of decency［M］. New York：Princeton Architectural Press，2002.

[143] Fuguitt G V，Brown D L，Beale C L. Rural and small town America［M］. New York：Russell Sage Foundation,1989.

[144] Hamdi N. Housing without houses：Participation，flexibility，enablement［M］. New York：Van Nostrand Reinhold，1991.

[145] Oliver P. Encyclopedia of vernacular architecture of the world［M］. Cambridge：Cambridge University Press，1998.

[146] Pine B J，Gilmore J H. The experience economy［M］. Cambridge：Harvard Business Press，2011.

[147] Steele J. Sustainable architecture：Principle，paradigms，and case studies［M］. New York：McGraw-Hill，1997.

[148] 贝塔朗菲.一般系统论：基础、发展和应用［M］.林康义,魏宏森,译.北京：清华大学出版社,1987.

[149] 常杰,葛滢.生态学［M］.杭州：浙江大学出版社,2001.

[150] 段进,季松,王海宁.城镇空间解析：太湖流域古镇空间结构与形态［M］.北京：中国建筑工业出版社,2002.

[151] 费孝通,刘豪兴.江村经济(修订本)［M］.上海：上海人民出版社,2013.

[152] 费孝通.乡土中国［M］.上海：上海人民出版社,2006.

[153] 国家统计局.中国统计年鉴(2020)［M］.北京：中国统计出版社,2020.

[154] 国家统计局农村社会经济调查司.中国农村统计年鉴(2020)［M］.北京：中国统计出版社,2020.

[155] 哈肯.大脑工作原理：脑活动、行为和认知的协同学研究［M］.郭治安,吕翎,译.上海：上海科技教育出版社,2000.

[156] 哈肯.高等协同学［M］.郭治安,译.北京：科学出版社,1989.

[157] 哈肯.信息与自组织［M］.宁存政,郭治安,译.成都：四川教育出版社,1988.

[158] 晖峻众三.日本农业 150 年(1850—2000)［M］.胡浩,等译.北京：中国农业大学出版社,2011.

[159] 霍兰.涌现：从混沌到有序［M］.上海：上海世纪出版集团,2006.

[160] 金观涛,华国凡.控制论与科学方法论［M］.北京：新星出版社,2005.

[161] 卡斯伯特.设计城市：城市设计的批判性导读［M］.韩冬青,王正,等译.北京：中国建筑工业出版社,2011.

[162] 李京生.乡村规划原理［M］.北京：中国建筑工业出版社,2018.

[163] 联合国人居署.和谐城市：世界城市状况报告［M］.北京：中国建筑工业出版社,2008.

[164] 梁漱溟.乡村建设理论［M］.上海：上海世纪出版集团,2005.

[165] 刘敦桢.中国住宅概说[M].天津：百花文艺出版社,2004.

[166] 刘致平,王其明.中国居住建筑简史[M].北京：中国建筑工业出版社,2000.

[167] 钱学森.工程控制论[M].上海：上海交通大学出版社,2007.

[168] 孙大章.中国民居研究[M].北京：中国建筑工业出版社,2004.

[169] 王贵友.从混沌到有序：协同学简介[M].武汉：湖北人民出版社,1987.

[170] 王云才.乡村景观旅游规划设计的理论与实践[M].北京：科学出版社,2004.

[171] 乌杰.系统哲学[M].北京：人民出版社,2008.

[172] 吴良镛.人居环境科学导论[M].北京：中国建筑工业出版社,2001.

[173] 吴彤.自组织方法论研究[M].北京：清华大学出版社,2001.

[174] 杨家本.系统工程概论[M].武汉：武汉理工大学出版社,2002.

[175] 叶齐茂.发达国家乡村建设考察与政策研究[M].北京：中国建筑工业出版社,2008.

[176] 曾国屏.自组织的自然观[M].北京：北京大学出版社,1996.

[177] 赵冈,陈钟毅.中国土地制度史[M].北京：新星出版社,2006.

C 学位论文

[178] 段威.浙江萧山南沙地区当代乡土住宅的历史、形式和模式研究[D].北京：清华大学,2013.

[179] 高其腾.协同观下的商业步行街中心节点空间设计研究[D].重庆：重庆大学,2011.

[180] 贺勇.适宜性人居环境研究："基本人居生态单元"的概念与方法[D].杭州：浙江大学,2004.

[181] 李立敏.村落系统可持续发展及其综合评价方法研究[D].西安：西安建筑科技大学,2011.

[182] 林涛.浙北乡村集聚化及其聚落空间演进模式研究[D].杭州：浙江大学,2012.

[183] 刘明广.复杂群决策系统协同优化方法研究[D].天津：天津大学,2007.

[184] 卢健松.自发性建造视野下建筑的地域性[D].北京：清华大学,2009.

[185] 罗文博.田园综合体背景下乡村公共建筑"在地性"设计的策略初探[D].南京：东南大学,2019.

[186] 浦欣成.传统乡村聚落二维平面整体形态的量化方法研究[D].杭州：浙江大学,2012.

[187] 綦伟琦.城市设计与自组织的契合[D].上海：同济大学,2006.

[188] 钱振澜."基本生活单元"概念下的浙北农村社区空间设计研究[D].杭州：浙江大学,2010.

[189] 钱振澜."韶山试验"：乡村人居环境有机更新方法与实践[D].杭州：浙江大学,2015.

[190] 施筱雯.转型时期协同视角下浙江省乡村规划策略探究[D].杭州：浙江大学,2017.

[191] 孙佩文.基于多元主体"利益—平衡"机制的乡村营建模式与实践研究[D].杭州：浙江大学,2020.

[192] 孙佩文.基于多元主体"利益—平衡"机制的乡村营建模式与实践研究[D].杭州：浙江大学,2020.

[193] 孙炜玮.基于浙江地区的乡村景观营建的整体方法研究[D].杭州：浙江大学,2014.

［194］孙瑜.乡村自组织运作过程中能人现象研究［D］.北京：清华大学,2014.

［195］孙珠颖.休闲旅游型乡村整合更新设计策略初探：以重庆南川区天池村为例［D］.重庆：重庆大学,2014.

［196］谭良斌.西部乡村生土民居再生设计研究［D］.西安：西安建筑科技大学,2007.

［197］王敏.城市风貌协同优化理论与规划方法研究［D］.武汉：华中科技大学,2012.

［198］王韬.村民主体认知视角下乡村聚落营建的策略与方法研究［D］.杭州：浙江大学,2014.

［199］王艺媛.同城化背景下宁镇扬文化产业协同发展研究［D］.扬州：扬州大学,2016.

［200］魏秦.黄土高原人居环境营建体系的理论与实践研究［D］.杭州：浙江大学,2008.

［201］徐丹华.小农现代转型背景下的"韧性乡村"认知框架和营建策略研究［D］.杭州：浙江大学,2019.

［202］姚翔宇.村域视角下田园综合体的解析与空间营建研究［D］.杭州：浙江大学,2019.

［203］郑圣峰.城乡统筹视角下的山地城乡空间协同发展论：以涪陵为例［D］.重庆：重庆大学,2017.

［204］朱怀.基于生态安全格局视角下的浙北乡村景观营建研究［D］.杭州：浙江大学,2014.

［205］朱炜.基于地理学视角的浙北乡村聚落空间研究［D］.杭州：浙江大学,2009.

［206］邹晓霞.商业街道表层研究［D］.北京：清华大学,2006.

D 网络资料

［207］国务院第三次全国国土调查领导小组办公室,自然资源部,国家统计局.第三次全国国土调查主要数据公报［EB/OL］.（2021-08-25）［2021-10-22］.http://www.gov.cn/xinwen/202-08/26/content_5633490.htm.

［208］中华人民共和国财政部.关于开展田园综合体建设试点工作的通知［EB/OL］.［2021-10-22］.http://agri.jl.gov.cn/zwgk/zcfg/zc/201709/t20170912_4721982.html.

［209］中共中央,国务院.关于深入推进农业供给侧结构性改革加快培育农业农村发展新动能的若干意见［EB/OL］.［2021-10-22］.http://www.gov.cn/zhengce/2017-02/05/content_5165626.htm.

攻博期间主要发表成果

傅嘉言,王竹,孙姣姣,等.江南地区乡村"小微田园综合体"产业策划与设计策略[J].华中建筑,2020,38(5):44-47.

傅嘉言,贺勇,孙姣姣.浙江民宿的乡村性解析与营建策略[J].西部人居环境学刊,2018,33(3):80-84.

Fu J Y, Wang Z, Yu Z Q. Construction mode and strategy research on micro idyllic complex in Wuxing, Huzhou[J]. Advances in Engineering Research,2018,120:280-283.

傅嘉言,王竹,钱振澜,等.江南地区精准乡建"基本单元综合体"策略与实践:以浙江湖州"璞心家庭农场"为例[J].城市建筑,2017(10):14-17.

王竹,傅嘉言,钱振澜,等.走近"乡建真实":从建造本体走向营建本体[J].时代建筑,2019(1):6-13.

余中奇,傅嘉言,钱锋.以型驭能:零能耗太阳能住宅的类型学实验求解[J].时代建筑,2019(3):66-73.

朱晓青,傅嘉言,孙姣姣.西方风格对浙江近代建筑样式演进的影响思辨[J].建筑与文化,2014(9):96-98.

姚翔宇,钱振澜,傅嘉言,等.田园综合体的概念辨析与特征认知[J].建筑与文化,2019(9):57-58.

Yu Z Q, Gou Z H, Qian F, et al. Towards an optimized zero energy solar house: A critical analysis of passive and active design strategies used in Solar Decathlon Europe in Madrid[J]. Journal of Cleaner Production, 2019, 236: 117646.

Tao Y Q, Lau S S Y, Gou Z H, et al. Privacy and well-being in aged care facilities with a crowded living environment: Case study of Hong Kong care and attention homes [J]. International Journal of Environmental Research and Public Health, 2018, 15(10): 2157.

Tao Y Q, Gou Z H, Lau S S Y, et al. Legibility of floor plans and wayfinding satisfaction of residents in care and attention homes in Hong Kong[J]. Australasian Journal on Ageing, 2018, 37(4): E139-E143.

郑媛,王竹,钱振澜,等.基于地区气候的绿色建筑"原型-转译"营建策略:以新加坡绿色建筑为例[J].南方建筑,2020(1):28-34.